JN297196

水・物質循環
シミュレーションシステムの
共通プラットフォーム

CommonMP入門

CommonMPプロジェクト推進委員会=監修

椎葉充晴・立川康人=編

技報堂出版

●本書は CommonMP のバージョンに左右されないように，基本的な機能を利用して CommonMP の機能を説明しています。本書は CommonMP version 1.0.2 を用いて記述しています。バージョンアップにともない若干の表示や操作が異なる可能性があることをご了解ください。

● CommonMP Ver 1.0.3 の機能は Ver 1.0.2 と同じです。CommonMP とアップデータは

　http://framework.nilim.go.jp/

からダウンロードできます。本書で用いるサンプルプログラムとデータは

　http://hywr.kuciv.kyoto-u.ac.jp/commonmp/introduction.html

からダウンロードできます。

●本書に関する質問につきましては，質問の内容と住所，氏名，電話番号，ファックス番号を明記のうえ，小社編集部宛にファックスにてお送りいただくか，著者宛にメールにてお送りください。お電話による質問は受け付けておりません。なお，本書の範囲を超える質問に関しては応じられませんので，あらかじめご了承ください。

　編集部ファックス番号　　03-5217-0886
　著者メールアドレス　　　commonmp@hywr.kuciv.kyoto-u.ac.jp

Microsoft Windows，Microsoft Visual Studio，Microsoft Internet Explorerは，米国Microsoft Corporationの，米国およびその他の国における登録商標または商標です。
その他，本書に記載されている会社名，製品名はすべて各社の登録商標または商標です。

まえがき

　CommonMP（Common Modeling Platform for water-material circulation analysys）は，水の流れや物質の移動をパーソナルコンピュータを用いて分析するための共通の基盤となるソフトウェアです。CommonMPは，水の流れや物質の移動に関する現象，たとえば山腹斜面での雨水流出，河道での洪水や土砂移動などを1つひとつの要素としてモデル化し，それらを相互に組み合わせて全体の水の流れや物質の移動を表現するシステムを提供します。また，いくつかの基本的な要素モデルがサンプルとして最初から添付されています。

　初めて水の流れや物質の移動に関する計算機シミュレーション手法を学ぼうとする人にとって，CommonMPは絶好の学習ツールとなります。これまで，水の流れや物質の移動を扱う多くのシミュレーションプログラムが開発されてきました。しかし，初めて水の流れや物質の移動を計算機でシミュレーションしてみようとすると，プログラミング言語や計算機の扱い方など，多くの知識を必要とするため，独習するのは容易ではありませんでした。CommonMPはプログラミングの知識がなくても準備された要素モデルをコンピュータの画面上で組み合わせて，容易にシミュレーションモデルを構築し実行することができます。もちろん，自身で新しく要素モデルを開発し，公開する仕組みも準備されています。

　水の流れや物質の移動を専門とする技術者や研究者にとっても，CommonMPは有効な技術開発ツールとなります。ほかの専門家が開発したコンピュータモデルを相互に組み合わせて利用することは容易ではありません。通常，コンピュータモデルは開発者ごとに計算機環境やプログラミング言語が異なります。計算機プログラムの構成の仕方も異なることが多く，開発された計算機プログラムを相互に組み合わせて使おうとすると，ソースコードを理解して自分のシステムに合うようにソースコードを書き直さねばなりません。その作業は非常に煩雑になり，現実的にはほとんど不可能です。これでは，開発された資産が有効に使われず，複雑なシミュレーションモデルを効率よく開発することができません。CommonMPは共通のルールのもとに要素モデル同士を接続しデータの入出力を扱えるようにしているため，仕様に従って開発された要素モデルであれば，それらを組み合わせるだけで複雑なシミュレーションモデルを効率よく構築することができます。要素モデルの性能を相互に比較したり，要素モデルを交換したり追加したりすることも容易です。社会から要請される高度で複雑な水理・水文シミュレーションモデルを短期間のうちに実現し，政策決定に寄与することができるはずです。

　水理・水文モデリングシステムには，いくつかの先行するソフトウェアがあります。たとえば米国ではHECやMMSがあります。また，欧州ではMIKEやOpenMIがあります。これらの中でOpenMIはオープンソースで開発が進められ，要素モデルに実装するインターフェイスが公開されています。この仕様に従う要素モデルを開発すれば，要素モデル同士を相互に接続することが可能とされています。わが国では水理・水文モデリングシステムとして，

OHyMoS（Object-oriented Hydrological Modeling System, http://hywr.kuciv.kyoto-u.ac.jp/ohymos/index.html）があります。OHyMoS は京都大学で開発された水理・水文モデリングシステムであり，水理・水文モデルを構造的にモデル化して，効率的なモデリングとシミュレーションを実行する環境を提供してします。C++ 版，Java 版（OHyMoSJ），Visual C#.NET 版（OHyMoS.NET）が公開されています。

今回，新しくリリースされた CommonMP は，国土交通省国土技術政策総合研究所が中心となって開発された新たな水理・水文モデリングシステムです。OHyMoS の開発思想をベースに GUI や GIS 機能を備えた先進的でかつ初学者にとっても扱いやすいシステムとなっています。現在，官学民が一体となって自主的なコンソーシアムを形成し，国内さらには国外の標準的な水・物質循環ソフトウェアとなることを目指して，継続的に CommonMP の開発に取り組んでいます。現在（2011 年 3 月）の最新版は Ver 1.0.3 です。

CommonMP は多くの方々の努力のもとに 2010 年 3 月に Ver 1.0.0 が公開されました。特に，山田 正氏，大平一典氏の強力なリーダーシップがなければ CommonMP は実現しなかったでしょう。両氏をはじめとして五道仁実氏，山本聡氏，佐藤宏明氏，小川鶴蔵氏，藤原直樹氏ら，多くの方々が CommonMP の実現に取り組まれました。CommonMP はこれからも発展していきます。どのように発展するかは CommonMP を実務や教育・研究，あるいは趣味で用いようとする人々次第です。本書が CommonMP の世界に足を踏み入れる導入となり，多くの人に CommonMP が支持され，CommonMP によって水や物質循環シミュレーションの技術的な基盤が確立されることを期待します。

2011 年 3 月

編　者

● **CommonMP プロジェクト推進委員会とは**

　CommonMP は，国土交通省都市・地域整備局下水道部，同河川局，同国土技術政策総合研究所，（社）土木学会，（社）建設コンサルタンツ協会および（社）全国上下水道コンサルタント協会から成るコンソーシアムにより開発，運営が進められています。CommonMP プロジェクト推進委員会は，CommonMP および CommonMP 上で動作する解析ソフトウェア（要素モデルおよびモジュール）の運営，開発，普及および発展を支援することを目的に設置され，幹事会ならびに運営評価部会，技術部会および普及・参画部会から構成されています。

● **CommonMP プロジェクト推進委員会**　（五十音順。2011 年 1 月 20 日現在）

安達　　一	（独）国際協力機構
池内　幸司	（国土交通省）
池田　信己	（（社）全国上下水道コンサルタント協会）
磯部　雅彦	（東京大学）
小池　俊雄	（東京大学）
佐々木 一英	（国土交通省）
椎葉　充晴	（京都大学）
神野　健二	（九州大学名誉教授）
竹内　邦良	（水災害・リスクマネジメント国際センター）
田中　茂信	（水災害・リスクマネジメント国際センター）
辻本　哲郎	（名古屋大学）
津野　　洋	（京都大学）
中川　　一	（京都大学）
中村　太士	（北海道大学）
長谷川 伸一	（（社）建設コンサルタンツ協会）
古米　弘明	（東京大学）
堀江　信之	（国土技術政策総合研究所）
虫明　功臣	（（社）日本河川協会）
村尾　公一	（東京都）
山田　　正	（中央大学）
山本　　聡	（国土技術政策総合研究所）

目　　次

まえがき

第1章　CommonMPの概要 …………………………… 1
1.1　CommonMP とは ………………………………… 1
1.2　CommonMP を用いてできること ……………… 2
1.3　本書の内容 ………………………………………… 3
1.4　CommonMP の動作環境 ………………………… 4
1.5　CommonMP の情報源 …………………………… 4

■CommonMPを使ってみよう

第2章　インストールと実行 …………………………… 6
2.1　CommonMP のダウンロード …………………… 6
2.2　CommonMP のインストール …………………… 7
2.3　CommonMP のアンインストール ……………… 9
2.4　CommonMP の開始 ……………………………… 10
2.5　CommonMP の終了 ……………………………… 11
2.6　CommonMP のバージョンアップ ……………… 12
2.7　まとめ ……………………………………………… 12

第3章　シミュレーションモデルの構築1
　　　　－プロジェクトの作成と管理－ ……………… 13
3.1　要素モデルのダウンロード ……………………… 13
3.2　要素モデルの CommonMP への追加 …………… 14
3.3　プロジェクトの作成と管理 ……………………… 16
3.4　まとめ ……………………………………………… 25

第4章　シミュレーションモデルの構築2
　　　　－プロジェクトの構築と拡張－ ……………… 26
4.1　プロジェクトの構築 ……………………………… 26
4.2　プロジェクトの拡張 ……………………………… 41
4.3　まとめ ……………………………………………… 46

第5章　シミュレーションモデルの実行 ……………… 47
- 5.1　シミュレーション画面の表示 ……………………… 47
- 5.2　シミュレーション期間の設定 ……………………… 48
- 5.3　シミュレーションの実行 …………………………… 48
- 5.4　シミュレーションの初期化 ………………………… 51
- 5.5　シミュレーション過程と結果の表示……………… 52
- 5.6　まとめ ………………………………………………… 54

■ CommonMPの要素モデルを作ってみよう

第6章　要素モデルの基本的な概念 ……………… 56
- 6.1　CommonMPのディレクトリ構造 ………………… 56
- 6.2　要素モデルを実現するDLLとクラス …………… 57
- 6.3　CommonMPによる演算処理の概要 ……………… 58
- 6.4　演算要素モデルの種類 ……………………………… 59
- 6.5　演算要素モデルの計算の進め方 …………………… 60
- 6.6　要素モデル間のデータ送受信 ……………………… 61
- 6.7　まとめ ………………………………………………… 62

第7章　要素モデルのソースプログラムの実際 ……… 63
- 7.1　クラスのコーディングに関する一般的な事項 …… 63
- 7.2　線形貯水池モデル …………………………………… 64
- 7.3　演算モデル定義クラスの実装 ……………………… 65
- 7.4　演算データクラスの実装 …………………………… 66
- 7.5　演算モデルクラスの実装 …………………………… 67
- 7.6　演算モデルファクトリクラスの実装 ……………… 73
- 7.7　まとめ ………………………………………………… 78

第8章　ビルドとデバッグの方法 ………………… 79
- 8.1　ビルドの方法 ………………………………………… 79
- 8.2　デバッグの方法 ……………………………………… 83
- 8.3　まとめ ………………………………………………… 89

第9章　開発環境ツールを用いた要素モデルの開発 … 90
9.1　CommonMPのプログラミング開発環境のインストール … 90
9.2　要素モデルのクラスのひな形の作成 …………………… 91
9.3　演算データクラスの実装 ………………………………… 99
9.4　演算モデルファクトリクラスの実装 …………………… 100
9.5　演算モデルクラスの実装 ………………………………… 103
9.6　まとめ ……………………………………………………… 106

■ CommonMPをもっと知ろう

第10章　CUI環境でのシミュレーションの実行 ……… 108
10.1　CUI環境で用いる構造定義ファイル ………………… 108
10.2　CUI環境でのシミュレーションの実行 ……………… 109
10.3　CUI環境でのCommonMPの展開 …………………… 111

第11章　ライブラリ入出力機能 ………………………… 112
11.1　ライブラリ出力 ………………………………………… 112
11.2　ライブラリ入力 ………………………………………… 114

第12章　多言語化への対応 ……………………………… 116
12.1　CommonMPのメニューの英語表示 ………………… 116
12.2　要素モデルの多言語対応 ……………………………… 117

第13章　CommonMPのさらに進んだ機能 …………… 122
13.1　モデル固有のプロパティ画面の作成機能 …………… 122
13.2　CommonMPのGIS機能 ……………………………… 123

第1章　CommonMPの概要

1.1　CommonMPとは

　CommonMP（Common Modeling Platform for water-material circulation analysys）は，水の流れや物質の移動をパーソナルコンピュータを用いて分析するための共通の基盤となるソフトウェアです。CommonMPは，水の流れや物質の移動に関する現象，たとえば山腹斜面での雨水流出，河道での洪水流や土砂移動など，1つひとつを要素としてモデル化し，それらを相互に組み合わせて全体の水の流れや物質の移動を表現するシステムを提供します。

　図1.1にCommonMPによるモデリングの全体構造の模式図を示します。要素モデルは，斜面からの雨水流出や河道での洪水流，土砂移動など，自然現象の個々の水理・水文過程，さらにはダムによる流量コントロールなどを表現する数値モデルです。後で詳しく解説しますが，要素モデルは既存のものを容易に組み込んで利用することができます。もちろん，自分で新たに要素モデルを開発することもできます。これらの要素モデルを組み合わせて全体のシミュレーションモデルを構築し，モデルパラメータや初期条件を設定して実行できるようにするソフトウェアがCommonMPです。

　CommonMPはMicrosoftの.NET Frameworkを用いて開発されています。開発プログラミング言語はC#です。既存の要素モデルを利用して水理・水文シミュレーションモデルを構築し実行するならば，プログラミングの知識は必要ありません。要素モデルごとに提供されるDLL（Dynamic Link Library）を所定のフォルダに置くだけで，その要素モデルを利用することができるようになります。

　新しく要素モデルを開発してみようとする人は，CommonMP上で動作するように準備されたクラスを継承することによって，新しい要素モデルのソースプログラムを容易に作成することができます。CommonMPには，新しい要素モデルの開発を補助するために，ひな形のソースプログラムやソースプログラムの生成を補助する開発環境，デバッグ環境が用意されています。新しく開発した要素モデルをCommonMPの全体システムに組み入れて，ほかの要素モデルと組み合わせることによって，シミュレーションモデルを拡張していくことができます。

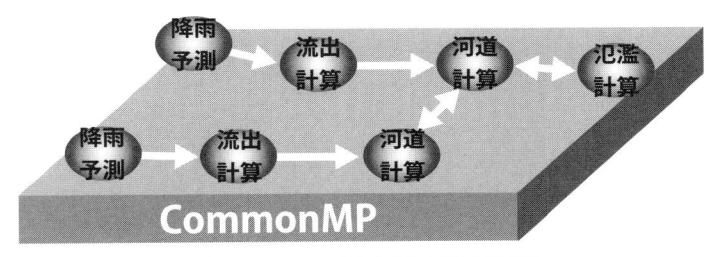

図1.1　CommonMPの全体構造の模式図

1.2 CommonMPを用いてできること

　CommonMP は利用者の目的に応じてさまざまな使い方があります．初めて水の流れや物質の移動の計算機シミュレーションを学ぼうとする人は，既存の要素モデルを取得し，それを利用することによってシミュレーションモデルの構築の仕方や実行方法を学ぶことができます．CommonMP には，要素モデルを組み合わせて全体のシミュレーションモデルを構築する GUI 環境が準備されています．これを用いれば，シミュレーションモデルの構築，モデルパラメータの設定，初期条件の設定，シミュレーションの実行のすべてを GUI 環境で実施することができます．

　実務者にとっても，既存の要素モデルを用いることで目的が達せられるならば，新たな要素モデルをプログラミングする必要はありません．CommonMP 上で動作するように作成された流出モデルや洪水追跡モデルなどを用いれば，それらを組み合わせることで容易に洪水流出シミュレーションモデルを構築することができ，モデルパラメータや初期条件を変えて，洪水流出シミュレーションを実行することができるでしょう．また，複雑なシミュレーションモデルを比較的短時間で構築することができるため，専門家にとっても有用なシミュレーションツールとなります．貯水池や遊水地を設けた場合に，洪水流量がどのように変化するかを分析したい場合，それらの要素モデルを追加して全体のシミュレーションモデルを修正するだけで，さまざまな要求に対応する水工シミュレーションを実施することができます．コマンドラインでプログラムを実行する CUI 環境も備わっていますので，バッチ処理によって大量のシミュレーションを自動的に実行することも可能です．

　既存の要素モデルだけでは目的が達成できない場合は，新しく要素モデルを開発し追加することで，容易に全体のシミュレーションモデルを修正し拡張することができます．新しく要素モデルを開発することは，それほど難しいことではありません．プログラミング言語 Visual C# と Microsoft Visual Studio の知識さえあれば，要素モデルの開発は容易です．CommonMP には要素モデルの開発を補助するツールも準備されています．また，CommonMP にはほかの人々が開発した要素モデルを容易に自分のシステムに組み込めるようにするライブラリ入出力機能が備わっています．さらに CommonMP は日本語だけでなく，さまざまな言語での利用を考慮して開発されています．

　このように，CommonMP は，利用する人の目的やシミュレーションモデルに対する習熟度に応じて，さまざまな用い方ができます．

1.3 本書の内容

本書では，CommonMPに初めて触れる人を想定し，CommonMPの操作の仕方から要素モデルのプログラム開発まで，すべてを具体例を示しながら解説します。以下に本書の構成を示します（図1.2）。

```
┌─────────────────────────────────────┐
│ 第1章 CommonMPの概要                │
└─────────────────────────────────────┘

┌- - - - - - - - - - - - - - - - - - - - - - -┐
│ ┌─────────────────────────────────┐ │
│ │ 第2章 インストールと実行        │ │    ■ CommonMPを使ってみよう
│ ├─────────────────────────────────┤ │    CommonMPの基本的な利用方法を具体的に
│ │ 第3章 シミュレーションモデルの構築1│ │    使いながら学びます。
│ │       −プロジェクトの作成と管理−  │ │
│ ├─────────────────────────────────┤ │
│ │ 第4章 シミュレーションモデルの構築2│ │
│ │       −プロジェクトの構築と拡張−  │ │
│ ├─────────────────────────────────┤ │
│ │ 第5章 シミュレーションモデルの実行 │ │
│ └─────────────────────────────────┘ │
└- - - - - - - - - - - - - - - - - - - - - - -┘

┌- - - - - - - - - - - - - - - - - - - - - - -┐
│ ┌─────────────────────────────────┐ │
│ │ 第6章 要素モデルの基本的な概念   │ │    ■ CommonMPの要素モデルを作ってみよう
│ ├─────────────────────────────────┤ │    CommonMPの要素モデルの概念と基本的な
│ │ 第7章 要素モデルのソースプログラムの実際│ │  開発方法を解説します。
│ ├─────────────────────────────────┤ │
│ │ 第8章 ビルドとデバッグの方法     │ │
│ ├─────────────────────────────────┤ │
│ │ 第9章 開発環境ツールを用いた要素モデルの開発│ │
│ └─────────────────────────────────┘ │
└- - - - - - - - - - - - - - - - - - - - - - -┘

┌- - - - - - - - - - - - - - - - - - - - - - -┐
│ ┌─────────────────────────────────┐ │
│ │ 第10章 CUI環境でのシミュレーションの実行│ │  ■ CommonMPをもっと知ろう
│ ├─────────────────────────────────┤ │    CommonMPのより進んだ機能を紹介します。
│ │ 第11章 ライブラリ入出力機能      │ │
│ ├─────────────────────────────────┤ │
│ │ 第12章 多言語化への対応          │ │
│ ├─────────────────────────────────┤ │
│ │ 第13章 CommonMPのさらに進んだ機能│ │
│ └─────────────────────────────────┘ │
└- - - - - - - - - - - - - - - - - - - - - - -┘
```

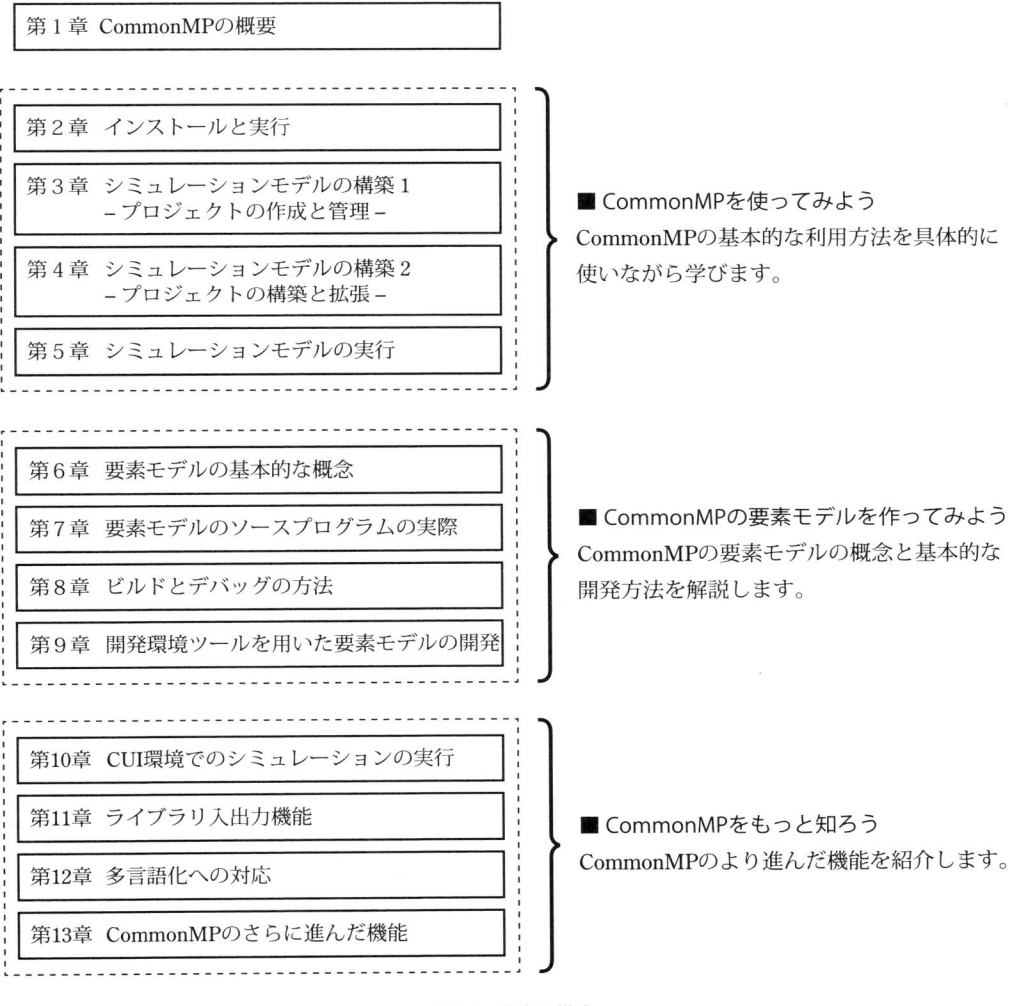

図1.2 本書の構成

1.4 CommonMPの動作環境

通常の用途で用いているパーソナルコンピュータであれば，普通，問題なく動作します。以下に標準的なハードウェア（表1.1）とソフトウェア（表1.2）の構成を示します。

表1.1 ハードウェア構成

項番	構成品	品名
1	プロセッサ	Intel Core™ Duoプロセッサ 2.53GHz（以上を推奨）
2	メモリ（RAM）	2.0GB（以上を推奨）
3	HDD	300GB（以上を推奨）
4	CDまたはDVDドライブ	CDまたはDVDドライブ
5	ディスプレイ	1 280×1 024の解像度 True Color（1 677万色）（以上を推奨）
6	マウス	ホイール付き2ボタンマウス
7	グラフィックスボード	OpenGL対応ボードの搭載が必須

表1.2 ソフトウェア構成

項番	構成品	品名
1	Operating System（OS）	Microsoft Windows 7, Vista, XP（32ビット版，64ビット版）
2	.NET Framework	Microsoft .NET Framework 2.0 SP1（推奨）
3	開発環境	Microsoft Visual Studio 2005, 2008および Visual C#, Visual C# 2008 Express edition
4	WEBブラウザ	Microsoft Internet Explorer 6.0（SP2）以上
5	OpenGL	OpenGL 1.2以上

1.5 CommonMPの情報源

CommonMPのシステムプログラムは国土交通省国土技術総合研究所に設けられたCommonMPのホームページからダウンロードすることができます。
　■ CommonMPのホームページ　http://framework.nilim.go.jp/
　■ CommonMPのダウンロード　http://framework.nilim.go.jp/commonmp/
本書で用いるサンプルプログラムとデータは以下からダウンロードすることができます。
　■ サンプル要素モデル　http://hywr.kuciv.kyoto-u.ac.jp/commonmp/introduction.html
以下にはCommonMPを用いた要素モデルに関する情報が掲載されています。
　■ 京都大学大学院工学研究科 水文・水資源学研究室のCommonMPのページ
　　http://hywr.kuciv.kyoto-u.ac.jp/commonmp/
本書ではCommonMPの導入となるように，あまり詳細には立ち入らず，わかりやすく記述することを心がけました。操作方法や要素モデルの開発方法に関する詳しいドキュメントがCommonMPシステム本体のパッケージに含まれていますので，ぜひ，そちらも参照してください。

CommonMPを使ってみよう

　第2章から第5章では，CommonMP本体をインストールし，既存の要素モデルを組み合わせてシミュレーションモデルを構築して，実行する手順を示します。

　まず第2章では，CommonMPのインストールとアンインストールの手順を示します。

　次に第3章では，既存の要素モデルの実行形式をCommonMPに組み込む手順を示します。また，シミュレーションモデルを管理する単位となるプロジェクトの作成方法を説明します。

　第4章では，シミュレーションモデルの具体的な構築方法を説明します。

　第5章では，シミュレーションモデルの実行方法を説明します。

第2章　インストールと実行

　はじめて CommonMP を使用するときに CommonMP 本体のシステムをインストールします。CommonMP をホームページからダウンロードしてインストールしてみましょう。

2.1　CommonMP のダウンロード

　インターネットエクスプローラなどのウェブブラウザを用いて

http://framework.nilim.go.jp/

にアクセスしてください（図 2.1）。現時点（2011 年 3 月現在）での最新版は Ver 1.0.3 です。ダウンロードサイトからは，以下の 2 種類の CommonMP とアップデータをダウンロードすることができます。

- ■ CommonMP Ver 1.0.2
- ■ CommonMP Ver 1.0.2 + GIS エンジン（CommonMP Ver 1.0.2 に GIS 機能を付加した版）
- ■ CommonMP Ver 1.0.3 アップデータ

　CommonMP Ver 1.0.2 をダウンロードしましょう。本書では紙数の都合上，GIS 機能については説明しません。以下では，CommonMP Ver 1.0.2 本体のみをダウンロードする場合のインストール手順を示します。

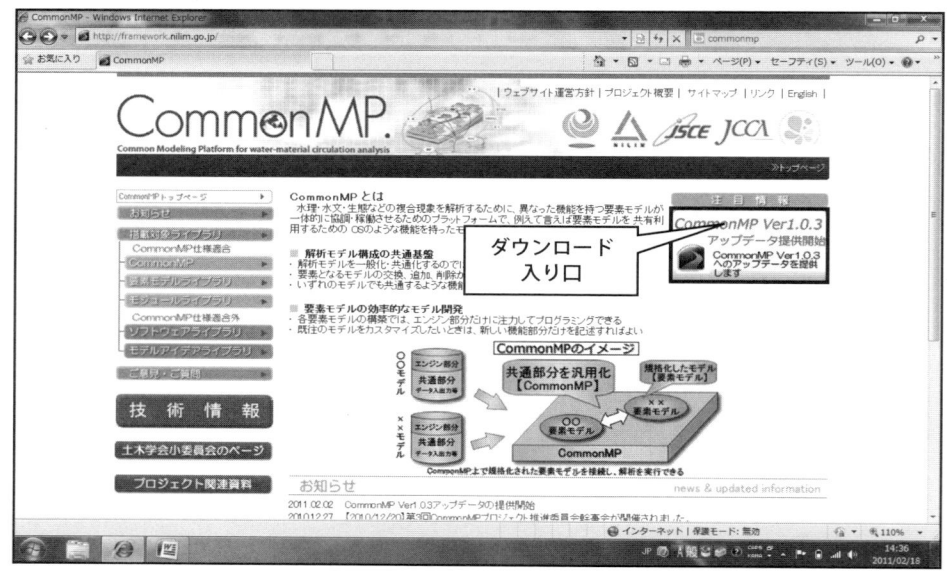

図 2.1　CommonMP ホームページ

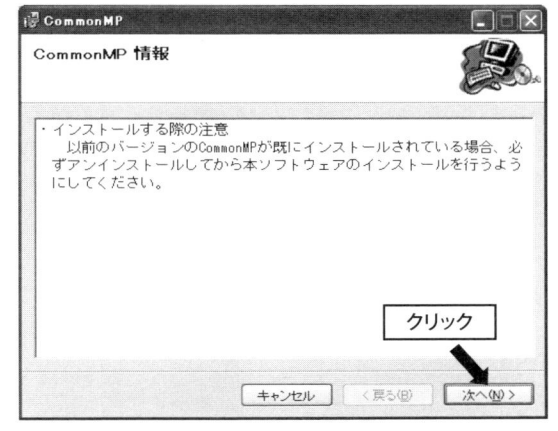

2.2 CommonMPのインストール

CommonMPをダウンロードして，適当なフォルダにダウンロードファイルを置いてください。このファイルはlzh形式で圧縮されていますので，それを展開してください。すると，以下のフォルダが作成されます。
- ■ CommonMP インストーラ
- ■ CommonMP ドキュメント
- ■ インストール手順書

「インストール手順書」フォルダの中にはCommonMP本体をインストールするための詳しい説明書があります。また，「CommonMPドキュメント」フォルダの中には，CommonMPの操作や要素モデルのプログラミングに必要となる詳しいドキュメントが格納されています。「CommonMPインストーラ」フォルダの中には，これから利用するインストーラが入っています。

それでは，「CommonMPインストーラ」フォルダのなかのsetupアイコンをダブルクリックしてください。「CommonMP情報」画面が起動します。「インストールする際の注意」を読んだら［次へ］ボタンをクリックしてください（図2.2）。

図2.2　CommonMPの情報

セットアップウィザードが起動したら，［次へ］ボタンをクリックします（図2.3）。

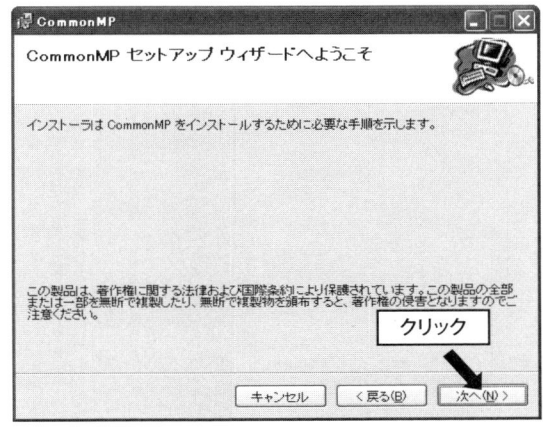

図2.3　インストーラの起動

インストール先のフォルダを指定して，[次へ] ボタンをクリックします（図2.4）。

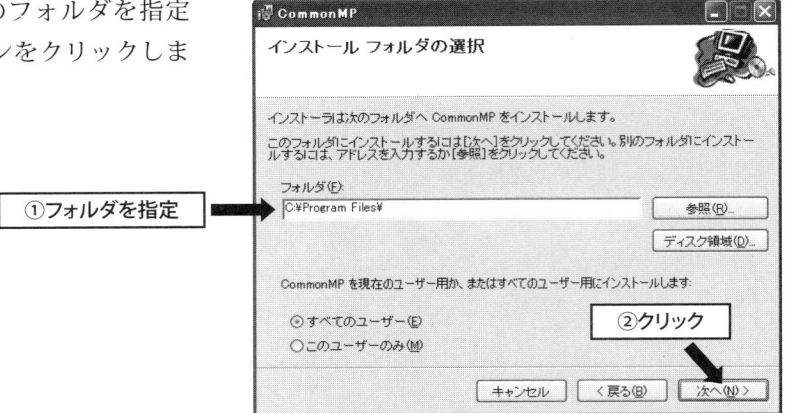

①フォルダを指定

②クリック

図2.4　インストールフォルダの選択

「インストールの確認」ダイアログで，[次へ] ボタンをクリックします（図2.5）。

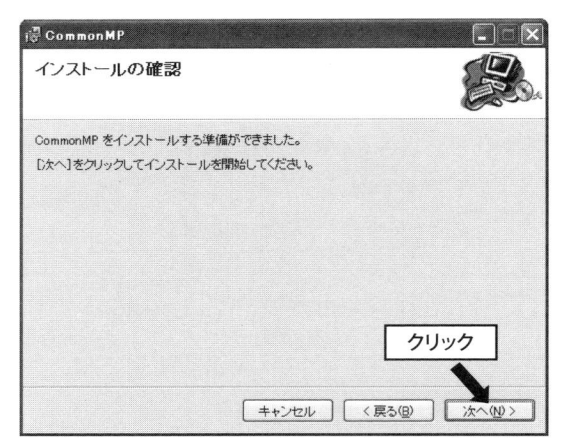

クリック

図2.5　インストールの確認

「インストールの完了」画面で正常にインストールされたことを確認し，[閉じる] ボタンをクリックします（図2.6）。

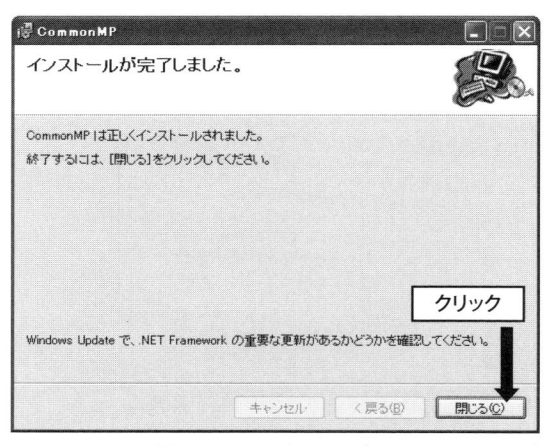

クリック

図2.6　インストールの完了

2.3 CommonMPのアンインストール

CommonMPをコンピュータから削除したい場合は，以下の手順に従ってアンインストールします。アンインストールには，インストーラからアンインストールする方法と，コントロールパネルの［プログラムの追加と削除］からアンインストールする方法があります。

2.3.1 インストーラからアンインストールする場合

インストーラフォルダのsetupアイコンをダブルクリックして，セットアップウィザードを起動します。［CommonMPの削除］のチェックを選択して，［完了］ボタンをクリックします（図2.7）。

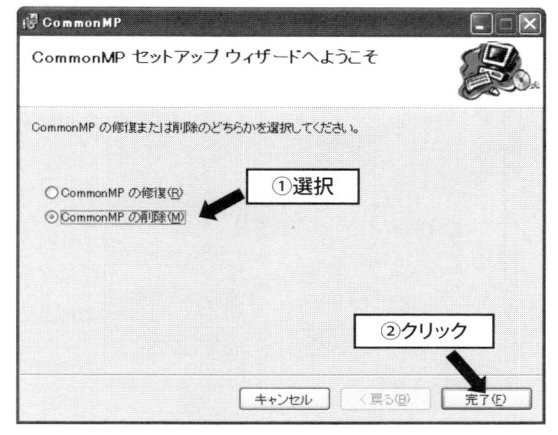

図2.7 インストーラの起動

2.3.2 ［プログラムの追加と削除］からアンインストールする場合

［スタート］-［コントロールパネル］から［プログラムの追加と削除］を起動します。現在インストールされているプログラムの中からCommonMPを選択して，［削除］ボタンをクリックします（図2.8）。

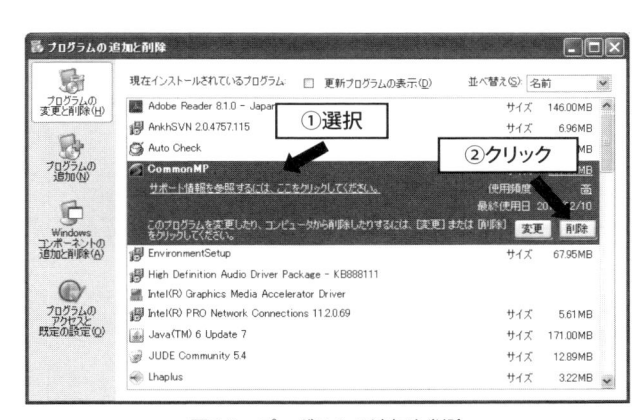

図2.8 プログラムの追加と削除

削除確認ダイアログで，[はい] ボタンをクリックします（図 2.9）。

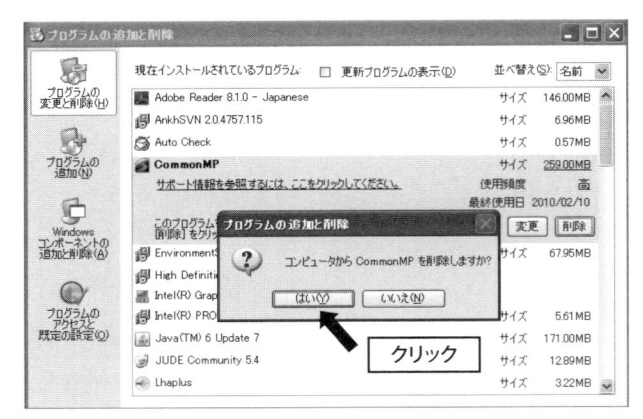

図 2.9　削除の確認

2.4　CommonMPの開始

CommonMP のプログラムの開始は，以下の手順で実施します。スタートメニューの [CommonMP] を選択するか，デスクトップの [CommonMP] アイコンをクリックします（図 2.10，図 2.11）。

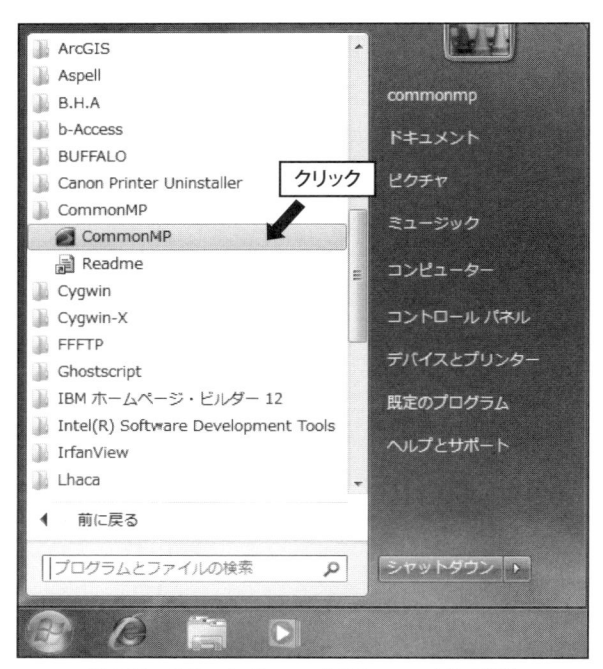

図 2.10　スタートメニューからCommonMPの起動

図 2.11　デスクトップのアイコンからCommonMPの起動

すると図 2.12 のような画面が現れて CommonMP が開始されます。

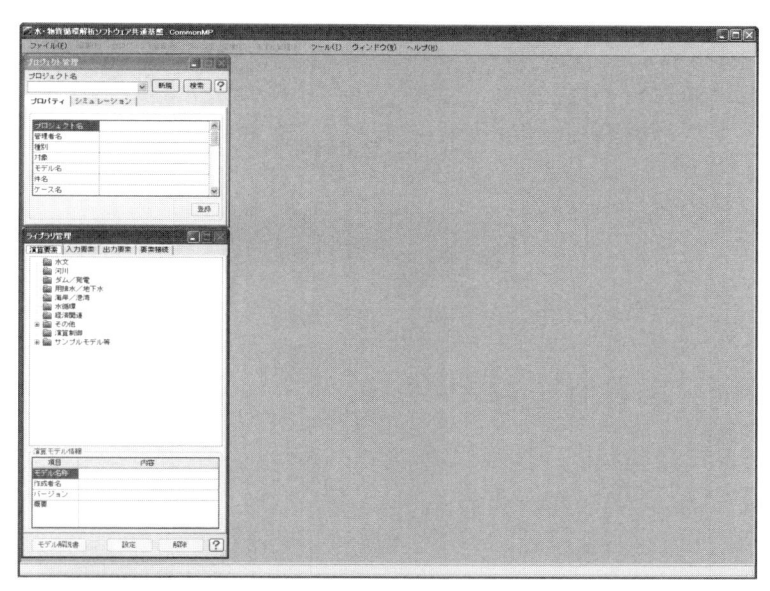

図 2.12　CommonMPの開始

2.5　CommonMPの終了

［ファイル］メニューの［終了］を選択するか，メインフレームの［×］ボタンをクリックします（図 2.13）。

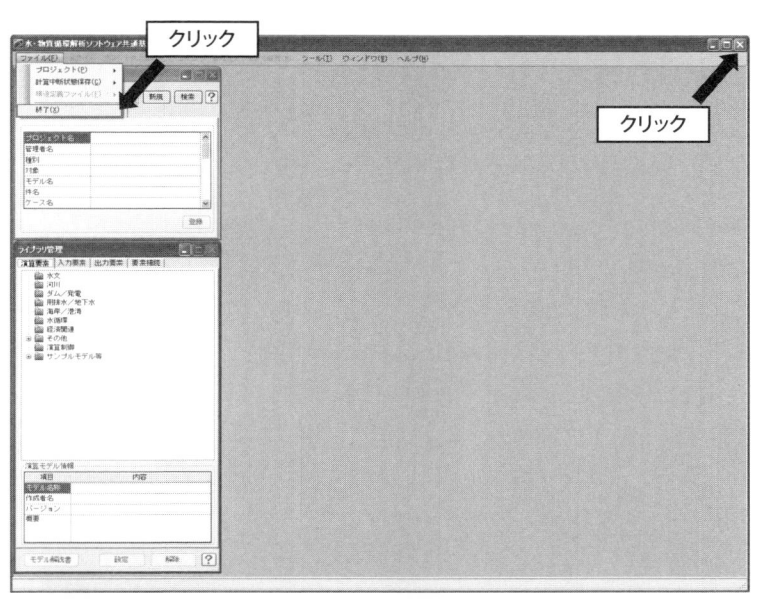

図 2.13　CommonMPの終了

第3章で解説しますが，シミュレーションプログラムは1つのプロジェクトとして作成されます。このプロジェクトが変更されている場合には，確認ダイアログが表示されます。終了確認ダイアログで［はい］ボタンをクリックしますと，変更したプロジェクトを破棄してCommonMPが終了します（図2.14）。プロジェクトを保存する場合は，［いいえ］をクリックして，保存してからCommonMPを終了します。

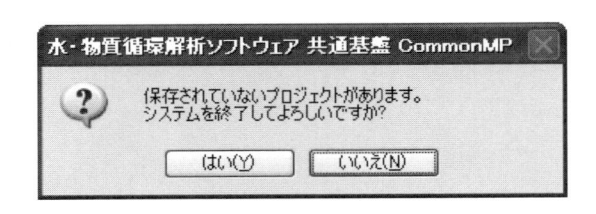

図2.14　CommonMP 終了の確認

2.6　CommonMPのバージョンアップ

　インストールしたCommonMP Ver 1.0.2をVer 1.0.3にバージョンアップすることができます。CommonMP Ver 1.0.3アップデータをダウンロードして，適当なフォルダにダウンロードファイルを置いてください。このファイルはlzh形式で圧縮されていますので，それを展開してください。あとは，それに含まれるCommonMP Ver 1.0.3パッチインストール手順書に従ってください。

2.7　まとめ

　本章ではCommonMPのインストールと起動方法を説明しました。CommonMPには本章に関連する以下のドキュメントがpdfファイルで付属しています。これらも参照してください。
（1）インストール手順書.pdf：CommonMPおよびCommonMP＋GISエンジンのインストール方法が詳しく解説されています。
（2）CommonMP 操作_クイックチュートリアル.pdf：CommonMPの基本的な操作が解説されています。
（3）CommonMP Ver 1.0.3 パッチインストール手順書.doc：CommonMP Ver 1.0.2から1.0.3へのバージョンアップ方法が解説されています。

第3章　シミュレーションモデルの構築 1
－プロジェクトの作成と管理－

　CommonMP の要素モデルを用いて，シミュレーションモデルの構築の仕方を具体的に学びます。この章では，要素モデルをダウンロードして CommonMP 本体に組み込む方法を示します。次に「プロジェクト」の作成とその保存の仕方を説明します。「プロジェクト」とは要素モデルを組み合わせて作成したシミュレーションモデルを管理する単位です。

3.1　要素モデルのダウンロード

　要素モデルのサンプルをダウンロードするために，ウェブブラウザを用いて
　http://hywr.kuciv.kyoto-u.ac.jp/commonmp/introduction.html
にアクセスしてください（図 3.1）。次に，このサイトから以下のファイルをダウンロードして，適当なフォルダにコピーしてください。
　（1）線形貯水池モデル　　CommonMPIntroductionLinearReservoirModel.zip
　（2）模擬流量発生モデル　CommonMPIntroductionRunoffGenerationModel.zip
　（3）サンプル入力データ　sampleInputData.csv
（1）は以降の章で用いる線形貯水池モデルの要素モデルの実行形式とソースプログラムを圧縮してまとめたファイルです。同様に（2）は模擬流量発生モデルを圧縮してまとめたファイルです。（3）はサンプルとして用いる入力データファイルです。

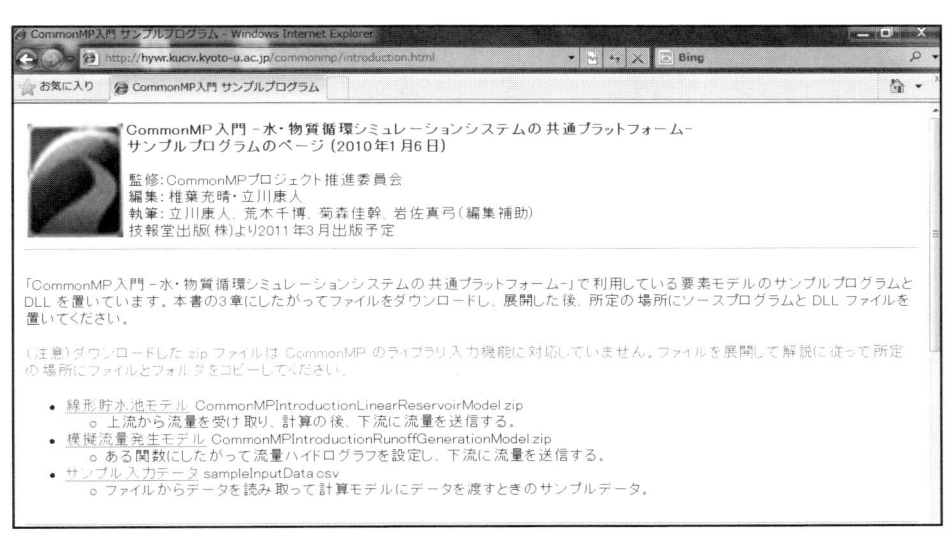

図 3.1　本書で用いる要素モデルの公開サイト

ダウンロードしたファイルはzip形式で圧縮されていますので，それを展開してください．CommonMPIntroductionLinearReservoirModel.zipを展開すると，図3.2のようなファイルができます．ほかの圧縮ファイルについても，同様に展開してください．

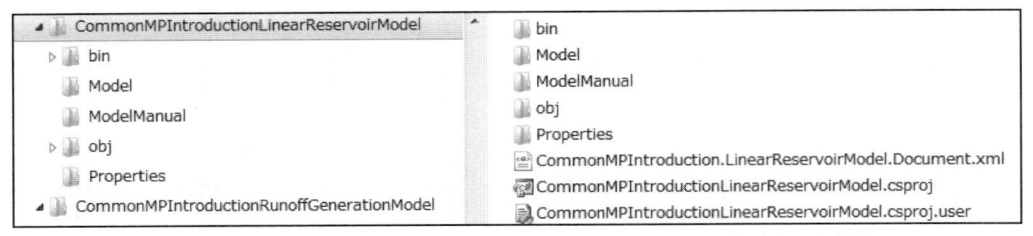

図3.2 ダウンロードしたCommonMPIntroductionLinearReservoirModel.zipの内容

3.2 要素モデルのCommonMPへの追加

3.2.1 要素モデルのコピー

CommonMPIntroductionLinearReservoirModel.zipを展開すると，その中のbin¥Debugフォルダに CommonMPIntroductionLinearReservoirModel.dll があります．これが線形貯水池モデルのダイナミックリンクライブラリ（DLL）です．このファイルは実行形式のファイルであり，これをCommonMPの所定のフォルダにコピーするだけで，CommonMPに線形貯水池モデルを組み込むことができます．

CommonMP本体をインストールすると，図3.3のような構成でディレクトリとファイルが作成されます．CommonMP¥はインストール時に図2.4で指定したCommonMPのインストールフォルダです．インストーラの指定のままにインストールすると，C:¥ Program

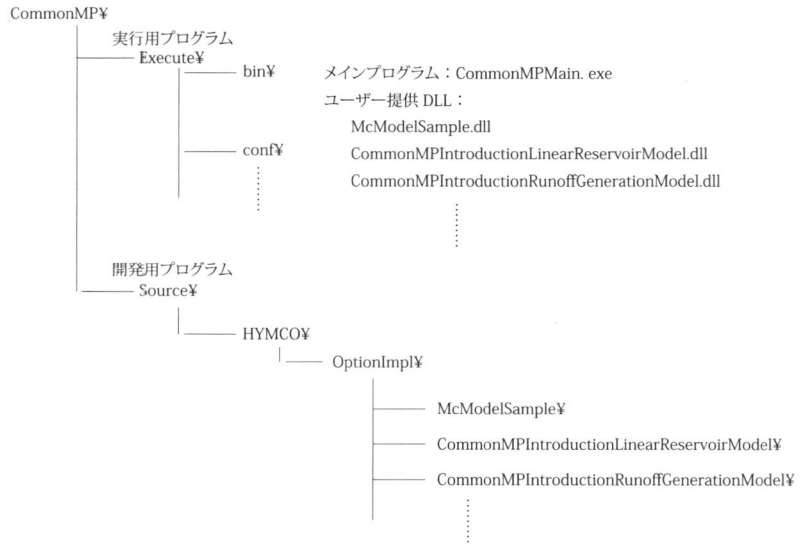

図3.3 CommonMPのディレクトリ構造

Files¥CommonMP がインストールフォルダになります。この中の Execute の下に実行用のプログラム，Source の下には開発用の要素モデルのソースプログラムが展開されます。Execute¥bin の下には，CommonMP 本体の実行形式があり，要素モデルを実現する DLL（Dynamic Link Library）もここに置きます。Source¥HYMCO¥OptionImpl の下には要素モデルごとにフォルダを作成してソースプログラムを置きます。

Execute¥bin の下に以降の章で練習に用いる線形貯水池モデルの DLL ファイル CommonMPIntroductionLinearReservoirModel.dll をコピーしてください（図 3.4）。CommonMPIntroductionRunoffGenerationModel.dll も同様に Execute¥bin の下にコピーしてください。また，Source¥HYMCO¥OptionImpl の下に展開したフォルダ CommonMPIntroductionLinerReservoirModel をフォルダごとコピーしてください。展開したフォルダ CommonMPIntroductionRunoffGenerationModel も同様に Source¥HYMCO¥OptionImpl の下にコピーしてください。Source¥HYMCO¥OptionImpl の下のソースプログラムの説明とビルド（コンパイル）の方法は第 6 章以降で説明します。

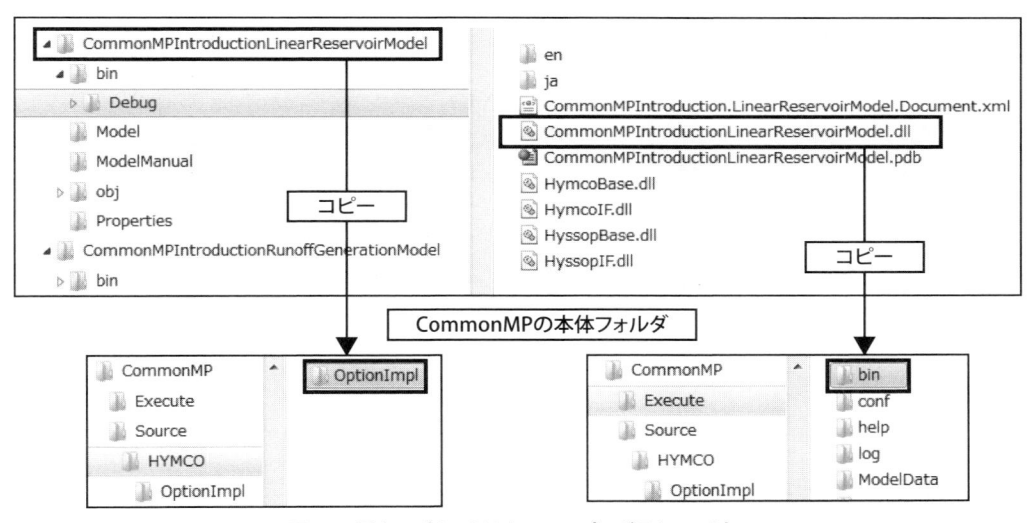

図 3.4　要素モデルのDLLとソースプログラムのコピー

3.2.2　CommonMP上での要素モデルの確認

CommonMP を再起動し，CommonMP 開始画面の左側にある「ライブラリ管理」画面を確認してください（図 3.5）。「ライブラリ管理」画面に要素モデルが追加されていれば，DLL が正しくコピーされています。図 3.5 の例では，「CommonMP 入門：線形貯水池モデル」と「CommonMP 入門：模擬流量発生モデル」が追加された要素モデルです。これらの演算要素モデルを選択し，図 3.5 左下の［モデル解説書］ボタンを押すと pdf 形式の解説書が開きます。

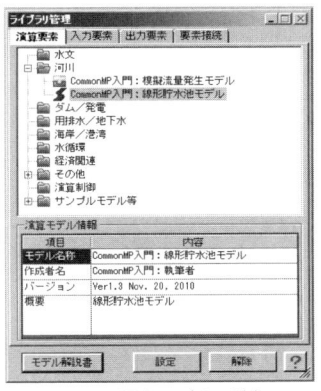

図 3.5　要素モデルの追加

3.3 プロジェクトの作成と管理

CommonMPでは，要素モデルの設定や要素モデル間の接続，計算条件や計算結果などシミュレーションモデルのひとまとまりを「プロジェクト」と呼ばれる単位で管理します。

3.3.1 プロジェクトの新規作成

新しくプロジェクト作成する場合は，次の手順で実施します。まず，［ファイル］メニューの［プロジェクト］から［新規作成］を選択するか，「プロジェクト管理」画面の［新規］ボタンをクリックします（図3.6，図3.7）。

図3.6　プロジェクトの新規作成操作（1）

図3.7　プロジェクトの新規作成操作（2）

次に，プロジェクト名と管理者名を入力し，プロジェクトを作成してください（図3.8）。たとえば，プロジェクト名を「線形貯水池モデル」，管理者名には適当な名前を入れてください。

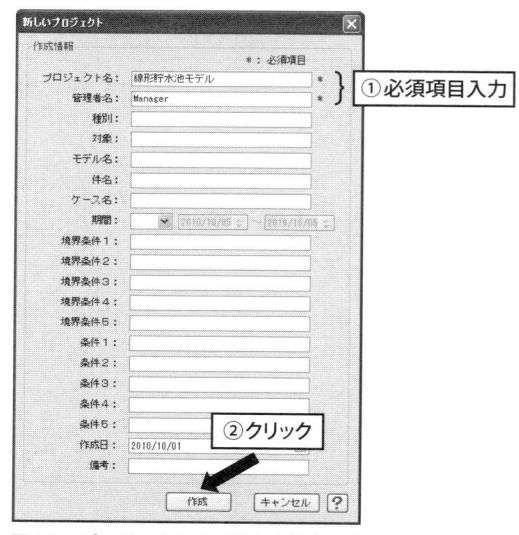

図3.8　プロジェクトの新規作成操作（3）

すると，新規プロジェクトが作成され，「モデル管理」画面が表示されます（図3.9）。同じ名前のプロジェクトがすでに開いている場合は，「プロジェクト管理」画面と「モデル管理」画面のプロジェクト名称に番号が付加されて表示されます。

図3.9　新規プロジェクトの画面

3.3.2　シミュレーションモデルの構築

新しく開いた「モデル管理」画面上で，要素モデルの選択や要素モデル間の接続を設定してシミュレーションモデルを作成します。シミュレーションモデルは「モデル管理」画面上で簡単に作成することができます。具体的なモデル構築手順については第4章で説明します。図3.10は構築したシミュレーションモデルの例です。

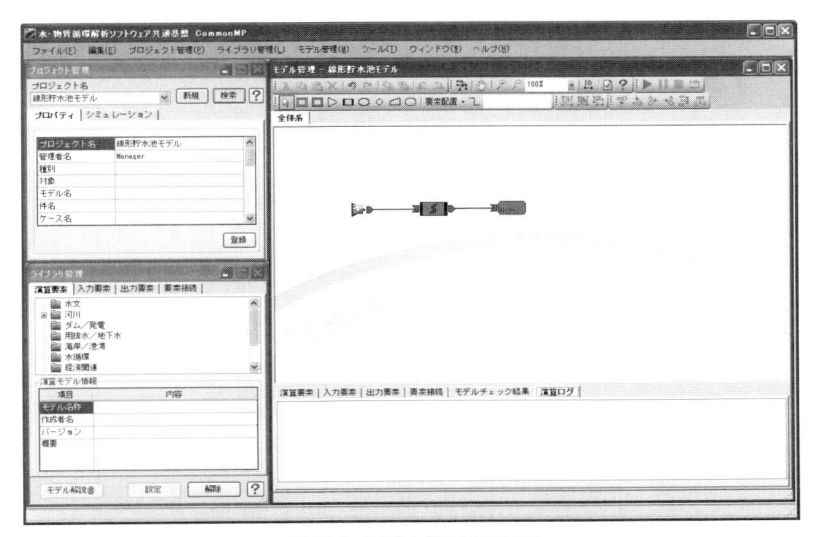

図3.10　モデル構築後の画面

3.3.3　プロジェクトの保存

構築したシミュレーションモデルをプロジェクトとして保存します。保存したプロジェクトはCommonMP内部に準備されたデータベースに登録されます。まず、「プロジェクト管理」画面の［登録］ボタンをクリックします（図3.11）。

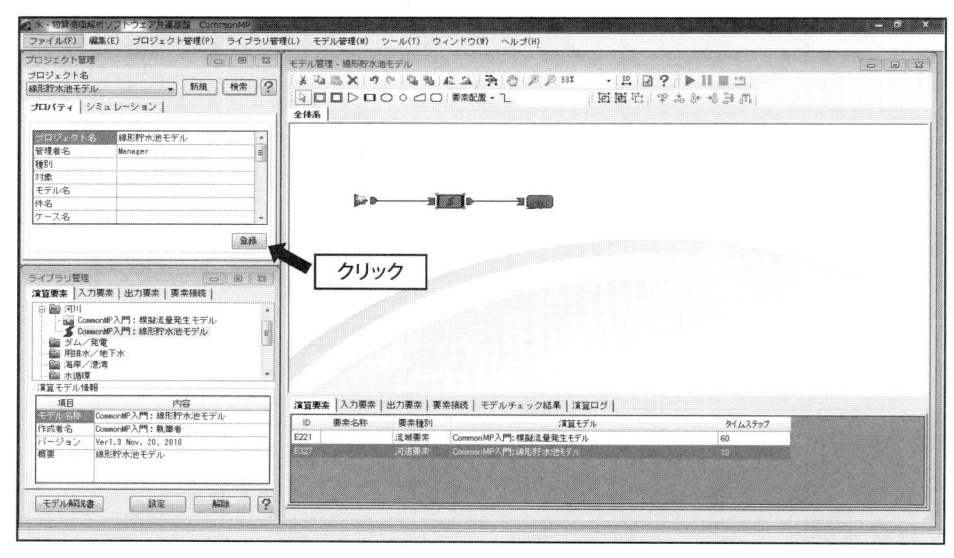

図3.11　プロジェクトの登録操作（1）

次に、プロジェクト登録画面で登録情報項目を入力して［登録］ボタンをクリックします（図3.12）。このとき、プロジェクトの名称を変更しない場合はそのときの登録内容が記録されます。プロジェクトの名称を変更した場合は、新しいプロジェクトとして登録されます。

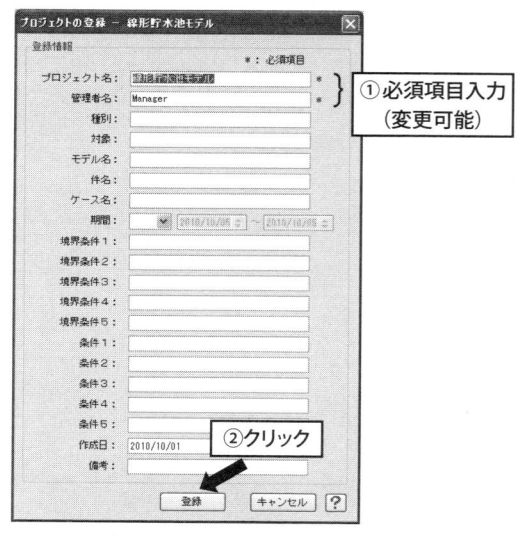

図3.12　プロジェクトの登録操作（2）

3.3.4 プロジェクトの呼び出し

プロジェクトを呼び出すことで，プロジェクトに登録したシミュレーションモデルを動作させることができます。登録済みのプロジェクトは，以下の手順で呼び出します。まず，「プロジェクト管理」画面の［検索］ボタンをクリックします（図3.13）。

図3.13　プロジェクトの検索操作（1）

次に，検索条件を設定して［検索］ボタンをクリックします（図3.14）。検索条件に合致するプロジェクトが表示されます。検索条件を設定しない場合は，登録されているすべてのプロジェクトが一覧表示されます。

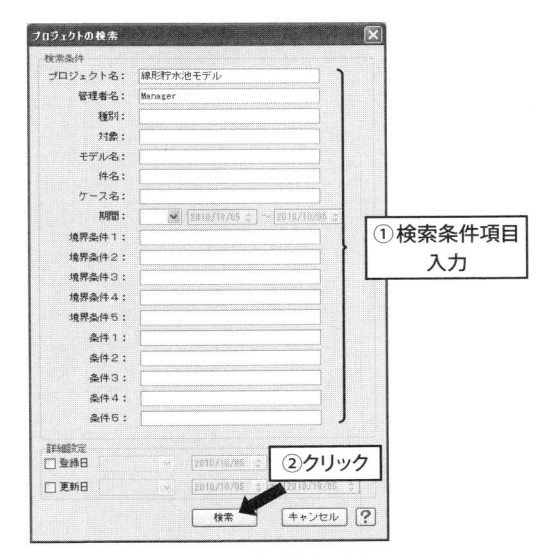

図3.14　プロジェクトの検索操作（2）

このプロジェクト一覧から，プロジェクトを指定して［開く］ボタンをクリックします（図3.15）。すると，選択したプロジェクトの「モデル管理」画面が表示されます（図3.16）。

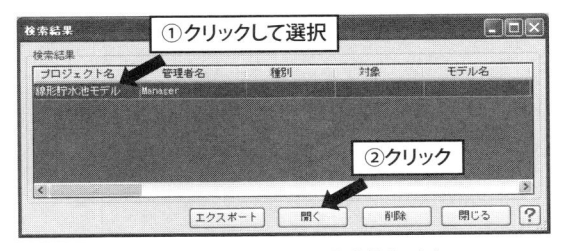

図3.15　プロジェクトの検索操作（3）

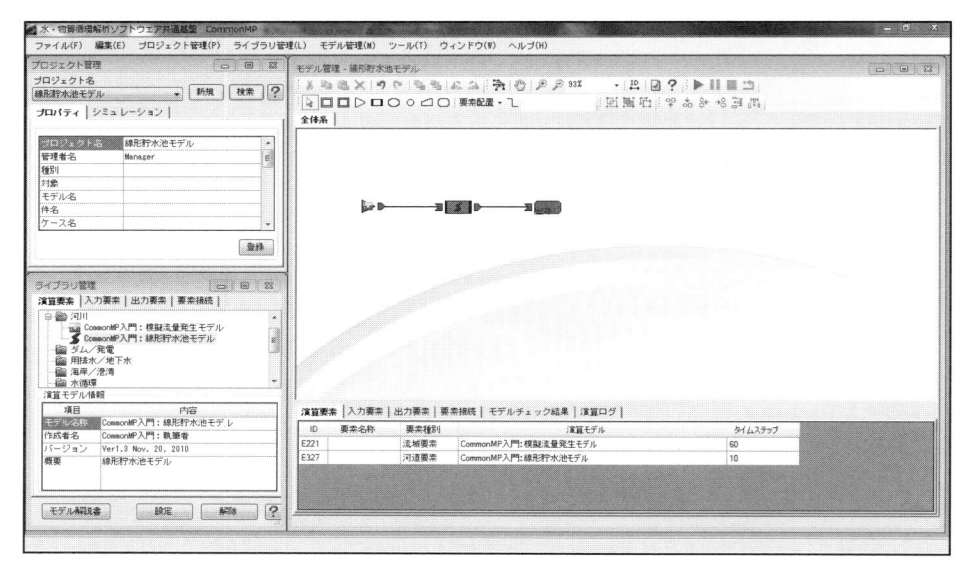

図 3.16　プロジェクトの呼び出し

　図 3.15 で［削除］ボタンをクリックするとプロジェクトの削除を確認する画面（図 3.17）が表示され，［OK］ボタンをクリックすると選択したプロジェクトが削除されます。

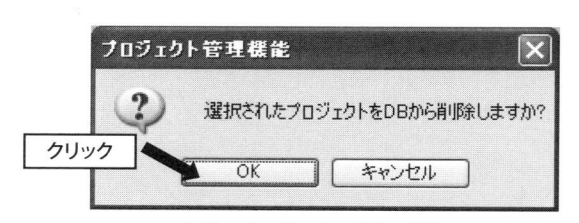

図 3.17　プロジェクト削除の確認

3.3.5　プロジェクトの終了

　「モデル管理」画面を閉じるとプロジェクトが終了します。このとき，モデル構成が変更されているときは確認ダイアログが表示されます（図 3.18）。［はい］ボタンをクリックすると，名前を付けて保存する場合と同じ操作となります。［いいえ］ボタンをクリックすると，プロジェクトを保存しないで「モデル管理」画面が閉じます。

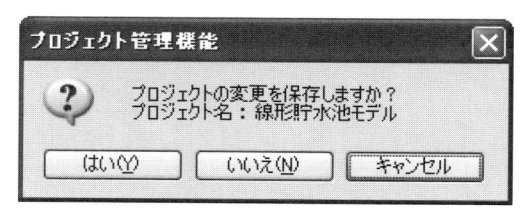

図 3.18　プロジェクト終了の確認

3.3.6 プロジェクトの外部ファイルへの保存

プロジェクトは内部のデータベースだけでなく，外部ファイルに保存して，作成したプロジェクトを異なる CommonMP に導入することができます。

(1) プロジェクトの保存

［ファイル］メニューの［計算中断状態保存］から［上書き保存］または［名前を付けて保存］を選択します（図3.19）。

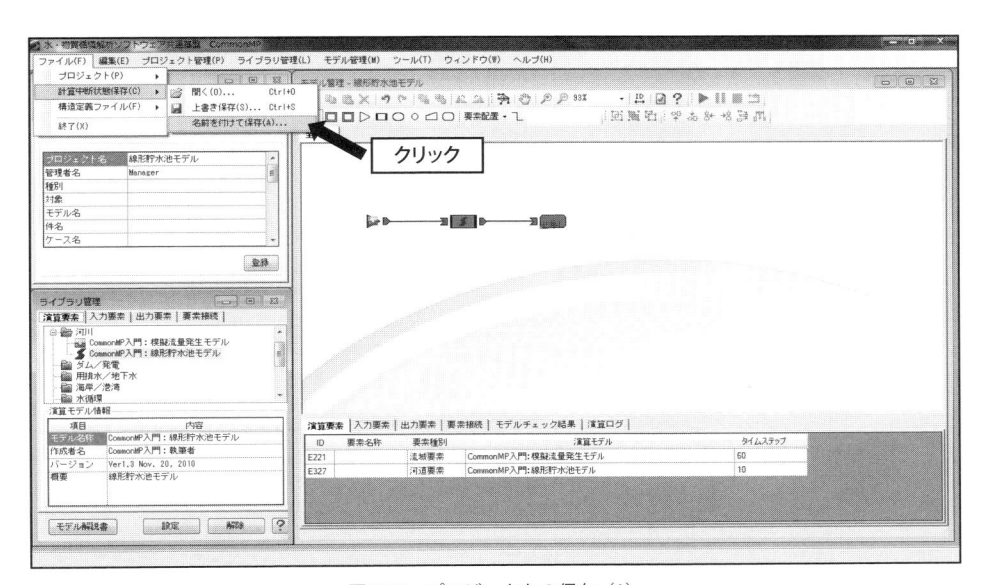

図 3.19　プロジェクトの保存（1）

次に，保存先のフォルダとファイル名（デフォルトはプロジェクト名）を指定して［保存］ボタンをクリックします（図3.20）。ファイル名は任意の名前を付けることができますが，保存されるプロジェクト名は変更されませんので，注意してください。

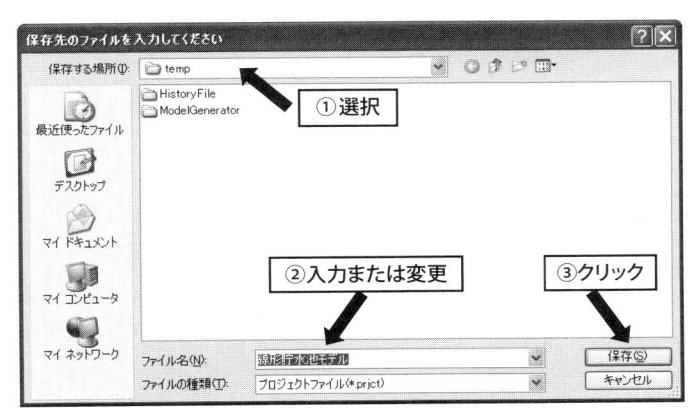

図 3.20　プロジェクトの保存（2）

(2) プロジェクトの復元

プロジェクトを復元することにより,保存した状態でプロジェクトを開くことができます。外部ファイルに保存したプロジェクトの復元は,以下の手順で実施します。まず,[ファイル]メニューの[計算中断状態保存]から[開く]を選択します(図 3.21)。

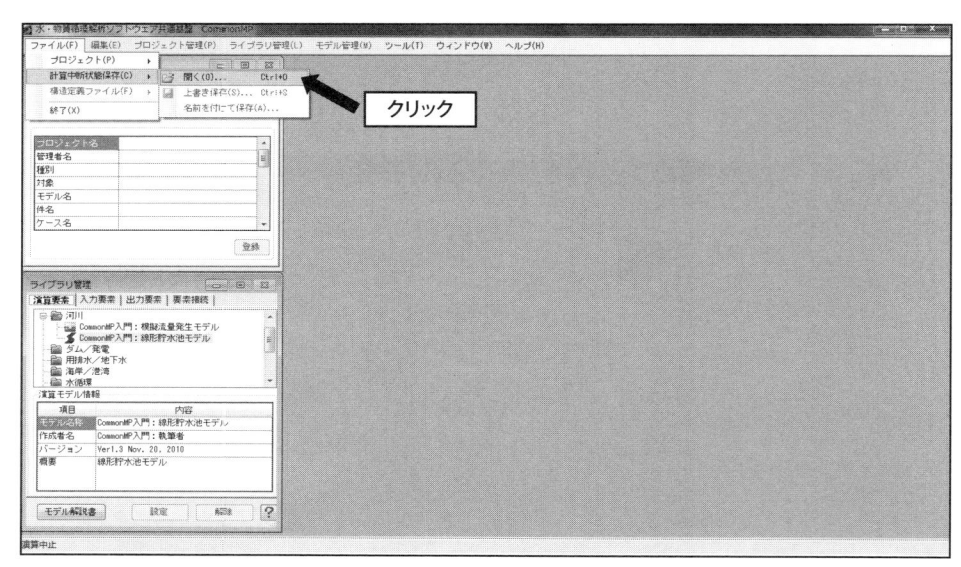

図 3.21　プロジェクトファイルを開く操作

次に,保存先のフォルダ,ファイル名を指定して[開く]ボタンをクリックします(図 3.22)。

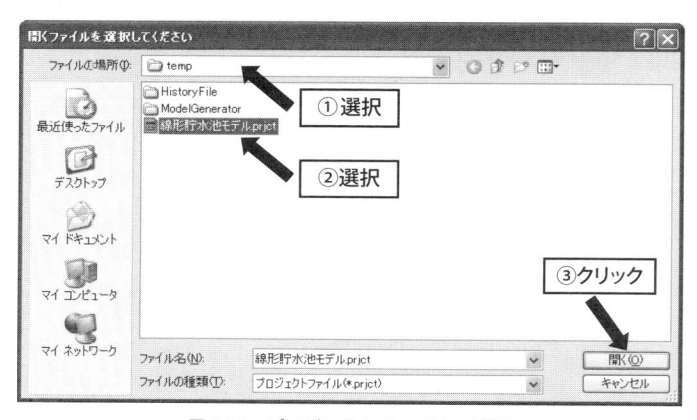

図 3.22　プロジェクトファイルの選択

すると，選択したプロジェクトの「モデル管理」画面が表示されます（図 3.23）。同じプロジェクト名のプロジェクトをすでに開いている場合は，指定したプロジェクトは表示されませんので，注意してください。

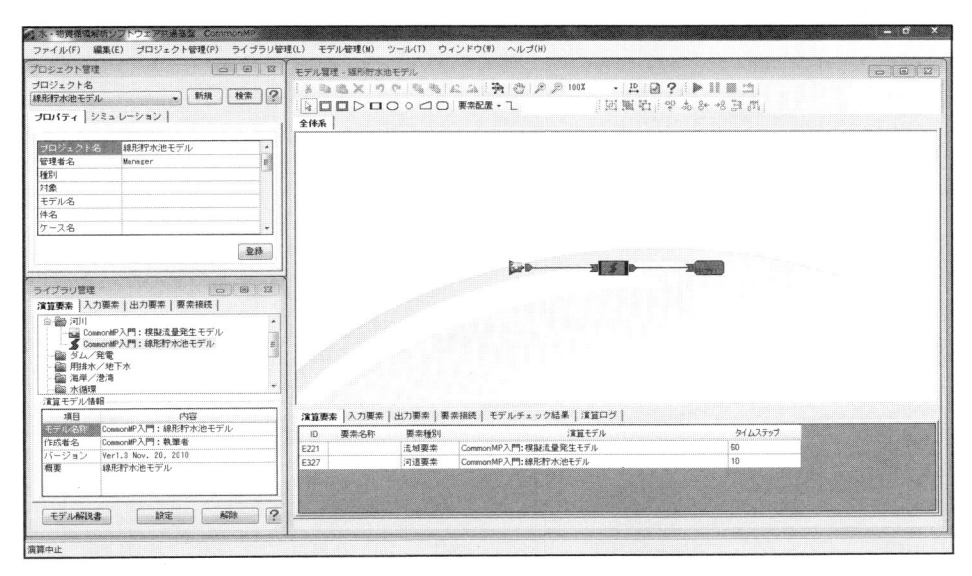

図 3.23　プロジェクト復元画面

3.3.7　プロジェクトの構造定義ファイルへの保存と復元

プロジェクトはプロジェクトファイルとして外部ファイルに保存できることを説明しました。このファイルは CommonMP のシステムが理解するフォーマットで記述されますので，異なる CommonMP のシステム間でプロジェクトを交換するために便利です。このプロジェクトファイルの持つ情報が CommonMP とは別のアプリケーションプログラムでも加工できると，応用範囲が格段に広がります。この機能を導入するために，CommonMP は XML 形式でプロジェクトファイルと同様の情報を外部のファイルに保存し，それを読み込んでプロジェクトを復元する機能を持っています。

XML 形式のファイルは極めて多くのアプリケーションプログラムの入出力に用いられており，ファイル自体はテキストファイルです。そのためテキストエディタで編集することができます。CommonMP ではこのファイルを構造定義ファイルと呼んでいます。構造定義ファイルには，配置した各要素モデルの種別，パラメータ情報，初期情報，モデル管理画面上の配置位置，要素モデル間の接続線の種別，パラメータ情報などが XML 形式で記載されています。構造定義ファイルの詳しいフォーマットは CommonMP ドキュメントの「構造定義ファイル仕様書 .pdf」を参照してください。

（1）プロジェクトの構造定義ファイルへの保存

モデル管理画面でプロジェクトを開いた状態（図 3.24）で、［ファイル］メニューの［構造定義ファイル］から［書き出し］を選択してください。［書き出し（詳細情報付き：一括）］を選択すると、図 3.25 のように出力ファイルの名前の設定が求められ構造定義ファイルが出力されます。

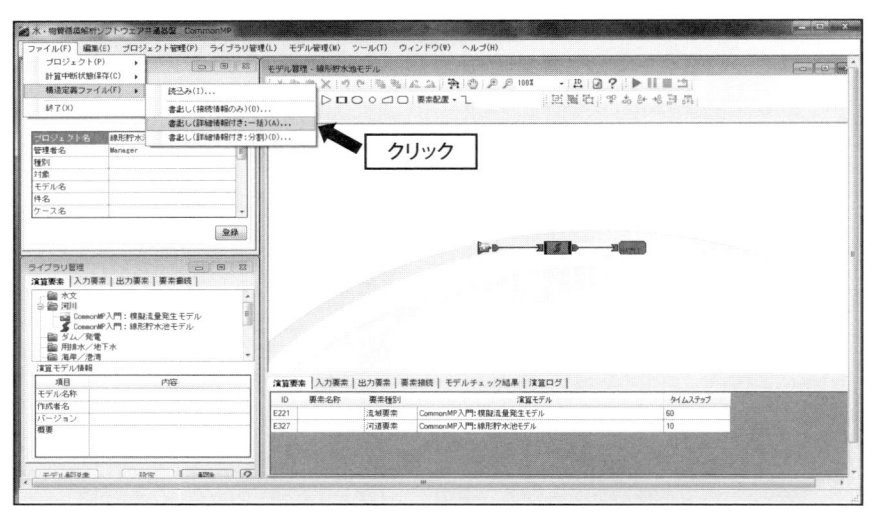

図 3.24　構造定義ファイルへのプロジェクト情報の出力

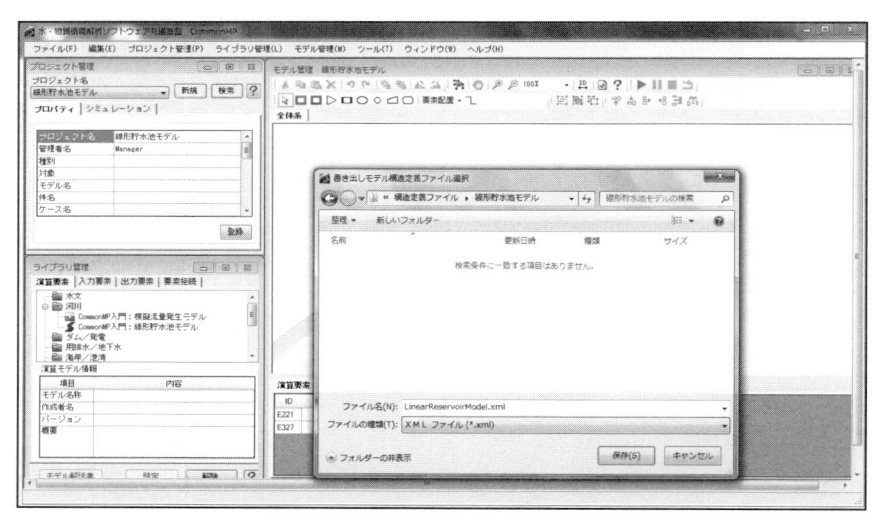

図 3.25　構造定義ファイル名の指定

図 3.25 で指定したファイル名を LinearReservoirModel とすると、図 3.26 のように 2 つの XML ファイルが出力されます。1 つは図 3.25 で指定したファイル名に ProjectFile という名前を加えた LinearReservoirModelProjectFile.xml、もう 1 つは LinearReservoirModel.xml です。LinearReservoirModelProjectFile.xml はプロジェクト全体を表現する XML ファイルで

あり，この中でシミュレーション期間を指定しています。また，このファイルの中から要素モデルの接続関係やパラメータ値，モデルの初期状態を記述した LinearReservoirModel.xml を読み込んでいます。

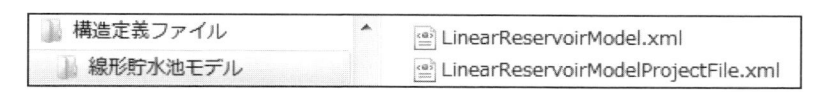

図 3.26　出力された構造定義ファイル

(2) 構造定義ファイルによるプロジェクトの復元

新規のプロジェクトを作成しモデル管理画面を開いた状態（図 3.27）で，［ファイル］メニューの［構造定義ファイル］から［読み込み］を選択してください。入力するファイル名が求められますので，要素モデルの接続関係を記述した LinearReservoirModel.xml を選択してください。すると，図 3.24 で保存したシミュレーションモデルの構造が復元されます。

図 3.27　構造定義ファイルによるプロジェクトの復元

3.4　まとめ

本章では CommonMP によるシミュレーションモデルを構築するために，シミュレーションモデルの構成単位であるプロジェクトの作成と管理方法を説明しました。CommonMP には本章に関連する以下のドキュメントが pdf ファイルで付属しています。これらも参照してください。

(1) CommonMP_操作クイックチュートリアル .pdf：CommonMP の基本的な操作の解説があります。
(2) 操作手順書 CommonMP_Ver1.0.pdf：CommonMP の操作の詳しい解説があります。
(3) CommonMP 画面仕様書 .pdf：CommonMP の操作画面の詳しい解説があります。
(4) 環境設定ファイル仕様書 V01.pdf：CommonMP の環境設定に関する詳しい解説があります。
(5) 構造定義ファイル仕様書 .pdf：構造定義ファイルの仕様に関する詳しい解説があります。

第4章　シミュレーションモデルの構築2
－プロジェクトの構築と拡張－

　本章では，具体的にシミュレーションモデルを作成し，プロジェクトとして保存する手順を示します。第3章でCommonMPに組み込んだ模擬流量発生モデルによって上流からの河川流量を発生させ，それを線形貯水池モデルにつないで計算結果を画面に出すシミュレーションモデル（図4.1）作成します。

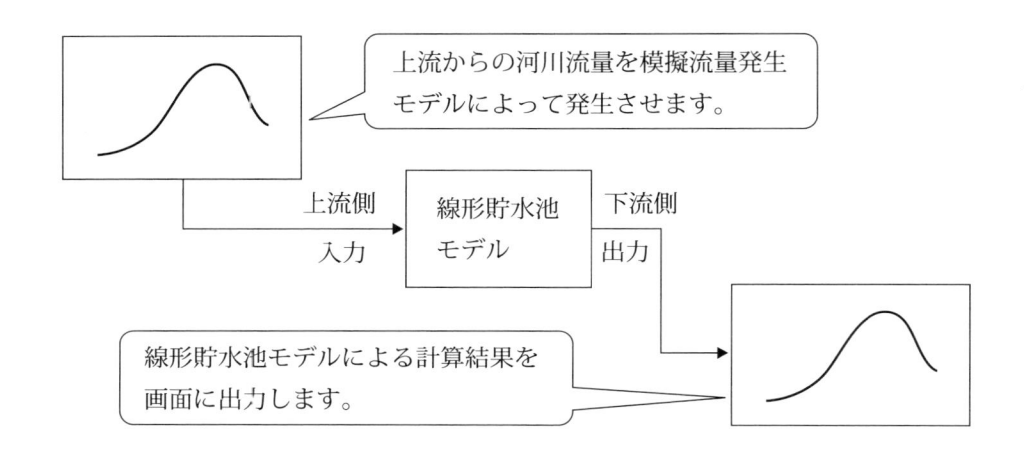

図4.1　シミュレーションモデルの構築イメージ

4.1　プロジェクトの構築

4.1.1　プロジェクトの新規作成

　3.3.1で示した手順に従ってプロジェクトを新しく作成し，「モデル管理」画面を表示させます。プロジェクト名は「線形貯水池モデル」とします。

4.1.2　要素モデルの配置

　要素モデルを配置するために，まず，演算要素，入力要素，出力要素を選択して画面上に配置します。これらはモデル管理ツールバーから選択することができます（図4.2）。ここで配置する要素は，あとで具体的に要素モデルを設定するための器と思ってください。

第4章　シミュレーションモデルの構築 2

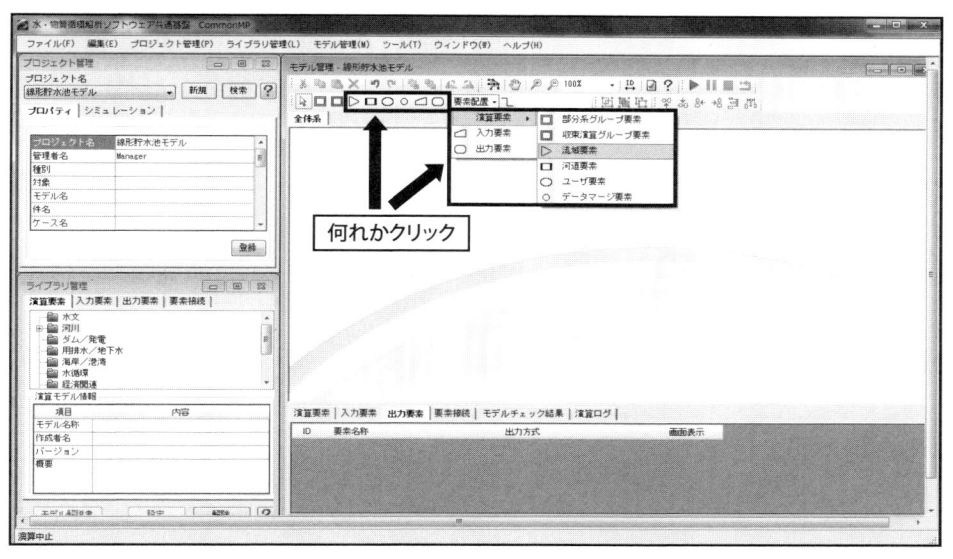

図 4.2　要素選択の操作

次に，それぞれの要素を配置する場所をクリックします（図 4.3）。流域要素，河道要素，出力要素を「モデル管理」画面に配置してください。

図 4.3　「モデル管理」画面に配置した要素

4.1.3 要素の接続

要素を配置しましたので，これらを接続しましょう。モデル管理ツールバーから［要素接続］を選択します（図 4.4）。

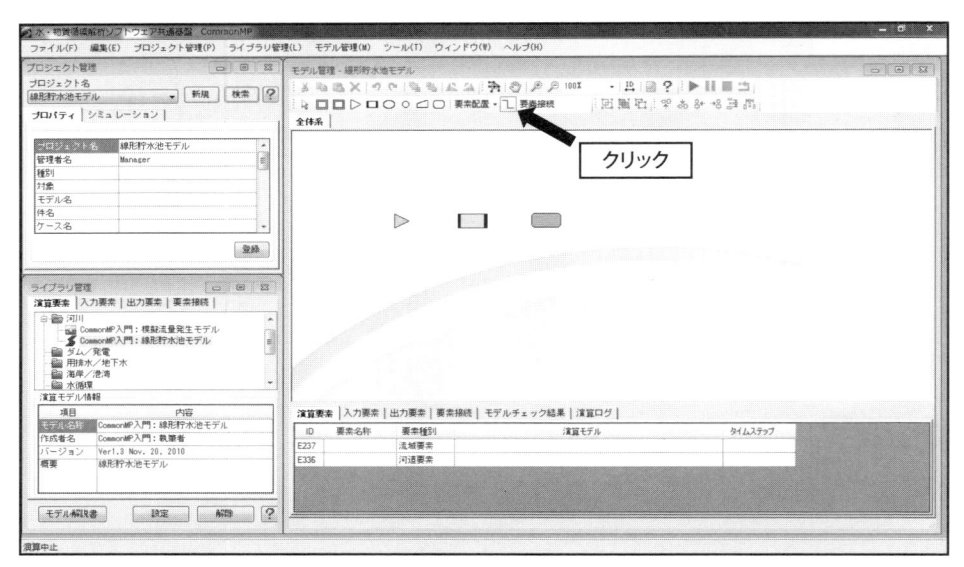

図 4.4　要素接続の操作

始めに送信側要素をクリックし，次に受信側要素をクリックします（図 4.5）。

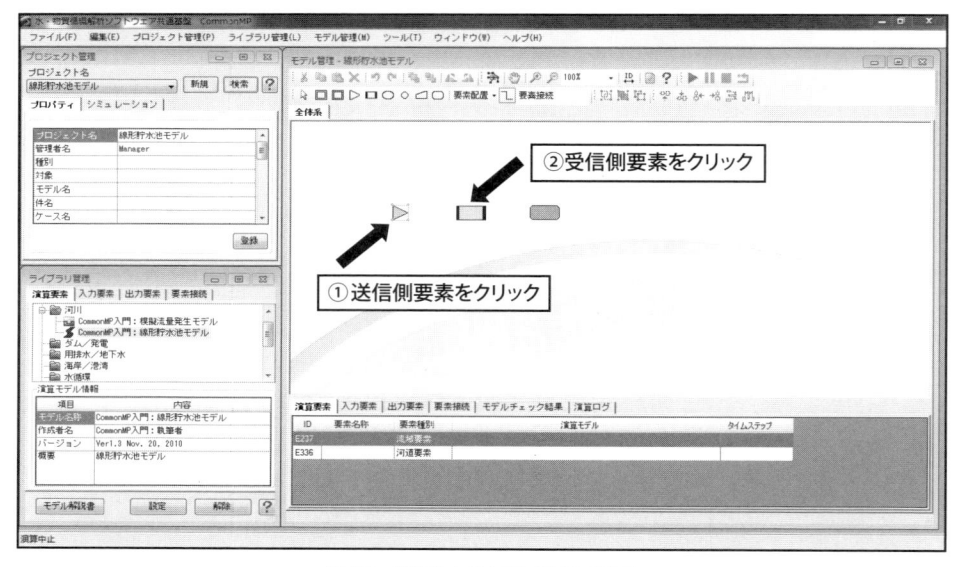

図 4.5　送信側と受信側の要素の選択

すると要素が接続され，接続した要素の間に接続線が表示されます（図4.6）。

図4.6 要素間の接続を表す接続線の表示

4.1.4 演算要素モデルの設定

配置した要素に具体的な機能を持つ演算要素モデルを設定します。まず，「モデル管理」画面より演算モデルの設定を行う任意の要素を選択します（図4.7）。

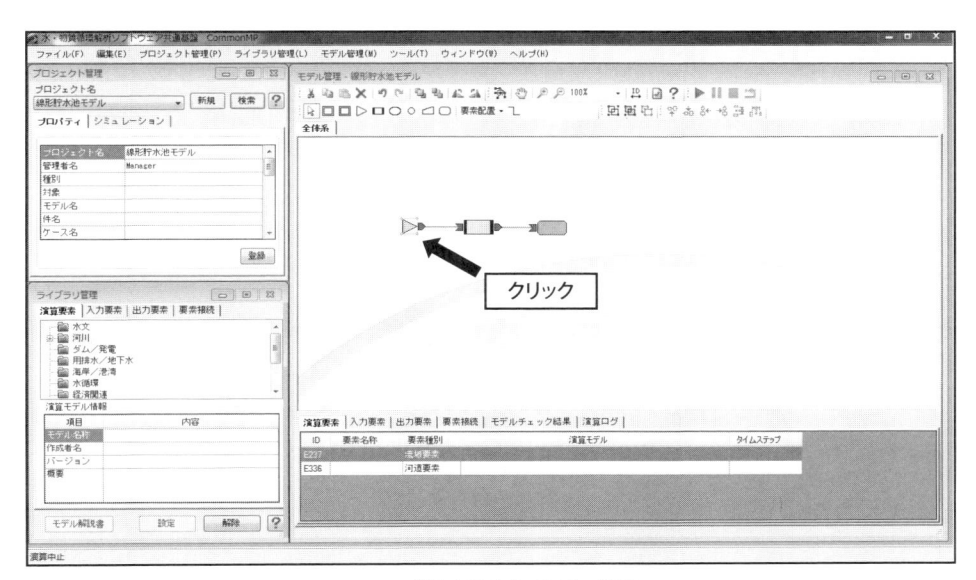

図4.7 機能を設定する要素の選択

次に,「ライブラリ管理」画面のタブから［演算要素］を選択し,利用する演算要素をツリーから選択します（図4.8）。ここでは一番上流の流域要素に［河川］に含まれている「模擬流量発生モデル」を選択してください。

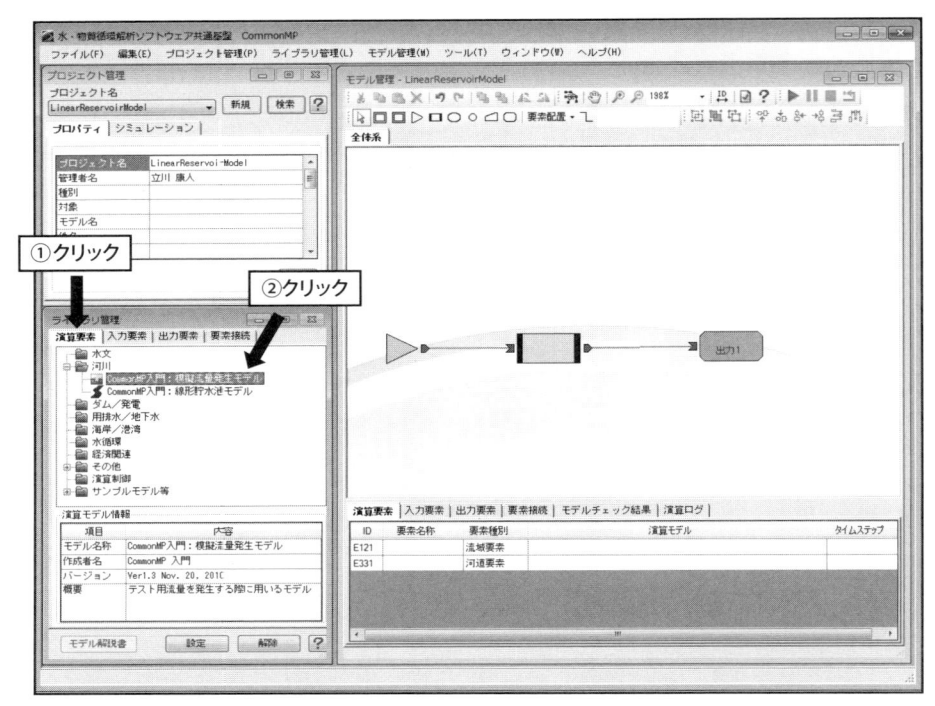

図4.8　演算要素モデルの選択

「ライブラリ管理」画面の「模擬流量発生モデル」をダブルクリックするか,「模擬流量発生モデル」を選択した後で「ライブラリ管理」画面の［設定］ボタンをクリックします（図4.9）。

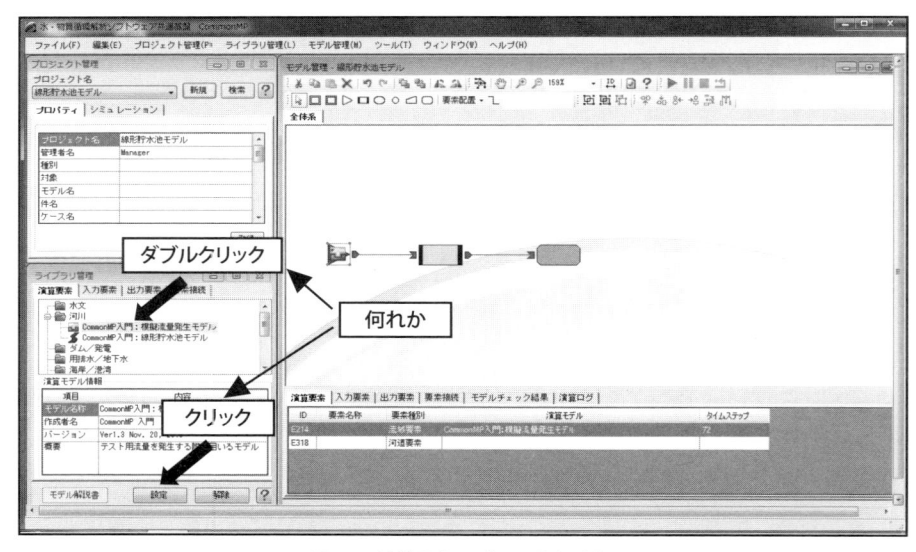

図4.9　演算要素モデルの設定（1）

第4章　シミュレーションモデルの構築2

　同様にして，河道要素に「ライブラリ管理」画面の［演算要素］タブから「線形貯水池モデル」を設定してください（図4.10）。また，出力要素に「ライブラリ管理」画面の［出力要素］タブから「時系列任意入力モニターグラフ出力」を設定してください。演算要素を設定する方法はほかにも用意されています。詳しくはCommonMPドキュメントの「操作手順書」を参照してください。

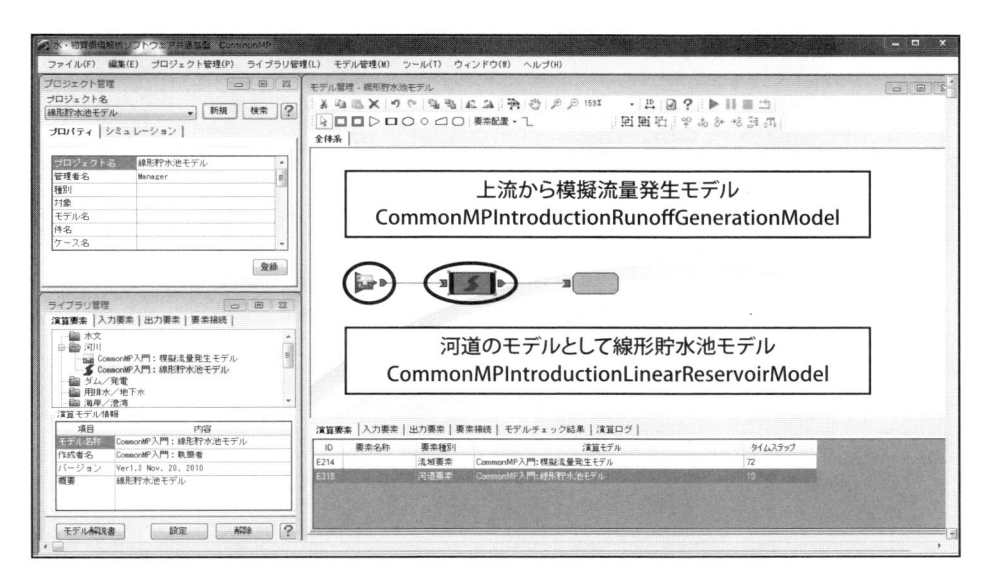

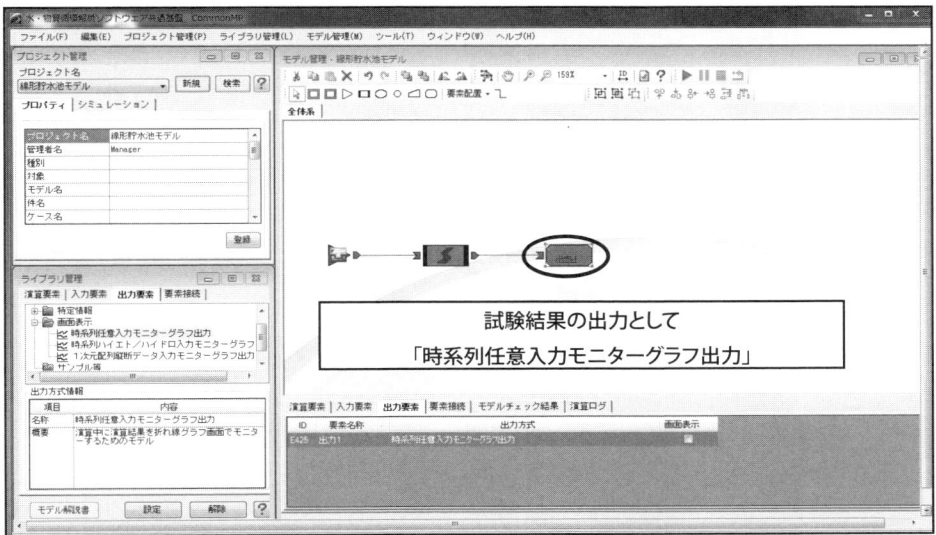

図4.10　演算要素モデルの設定（2）

選択した要素に演算要素モデルを設定するとアイコンのデザインと色が変わります（表 4.1）。これらのアイコンや要素の色は利用者の好みに応じてカスタマイズできるようになっています。

表 4.1　要素のアイコンと表示の例

要素	モデル設定前	モデル設定後
流域要素	▷	▶
河道要素	▭	▭
ユーザ要素	○	●
入力要素	◢	◢
出力要素	▢	▢

4.1.5　要素接続の設定

次に要素モデル間のデータ伝送を行うために，「ライブラリ管理」画面にある［要素接続］タブから，要素間の接続線に設定します。伝送情報型を選択することによって，要素間でどのような情報を授受するかを指定することができます。

この例では，すべての接続線の伝送情報型を「ポイント時系列情報」として設定します。「ポイント時系列情報」とは，1 地点のみの時系列情報です。ほかにも「1 次元時系列情報」，「2 次元時系列情報」，「3 次元時系列情報」を送信する伝送情報型が準備されています。どの伝送情報型を選択するかは要素モデルによって異なります。この例では 1 地点での流量を対象としますので「ポイント時系列情報」を選択します。まず，「モデル管理」画面より伝送情報型の設定を行う接続線を選択します（図 4.11）。

図 4.11　接続線の選択

第4章　シミュレーションモデルの構築2

次に,「ライブラリ管理」画面のタブを［要素接続］に切り替えて,利用する伝送情報型をツリーから選択します（図4.12）。

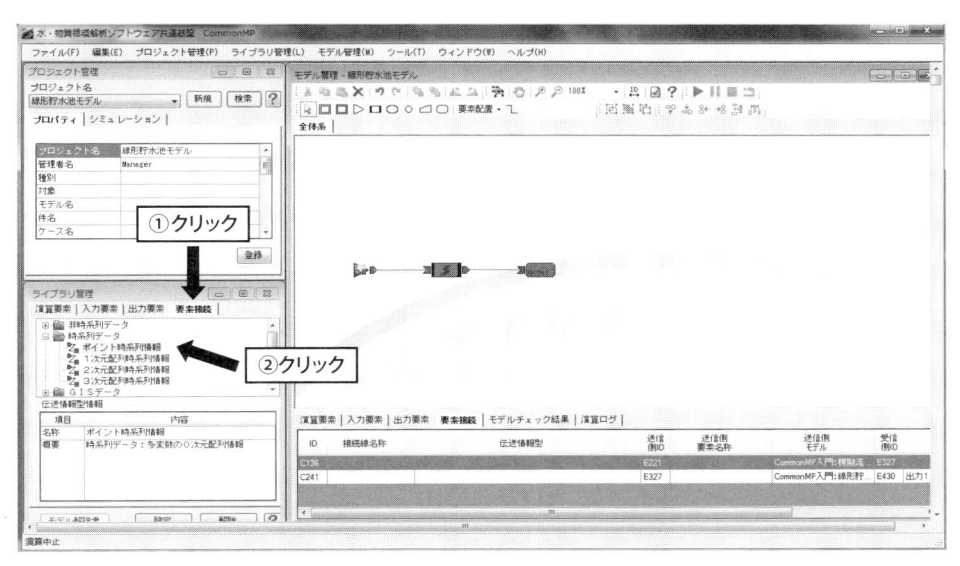

図4.12　伝送情報型の選択

「ライブラリ管理」画面の「ポイント時系列情報」をダブルクリックするか,「ポイント時系列情報」を選択した後で「ライブラリ管理」画面の［設定］ボタンをクリックします（図4.13）。

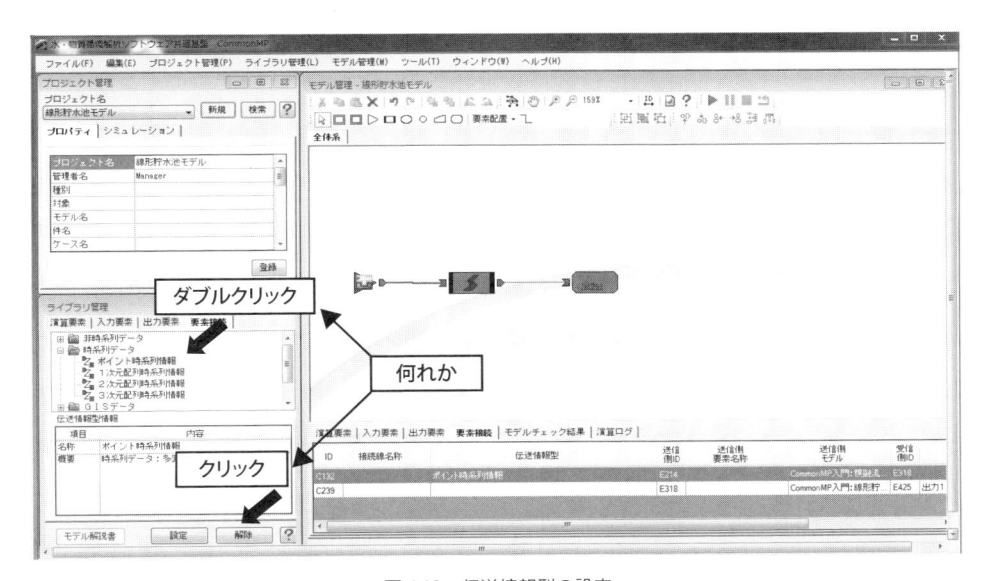

図4.13　伝送情報型の設定

伝送情報型を設定する方法はほかにも用意されていますので，詳しくは CommonMP 本体に付属する操作手順書を参照してください。選択した接続線に伝送情報型が設定されると接続線の色が緑色から青色に変わります（図 4.14）。また，「モデル管理」画面下の［要素接続］タブには，接続に用いた伝送情報型が表示されます。

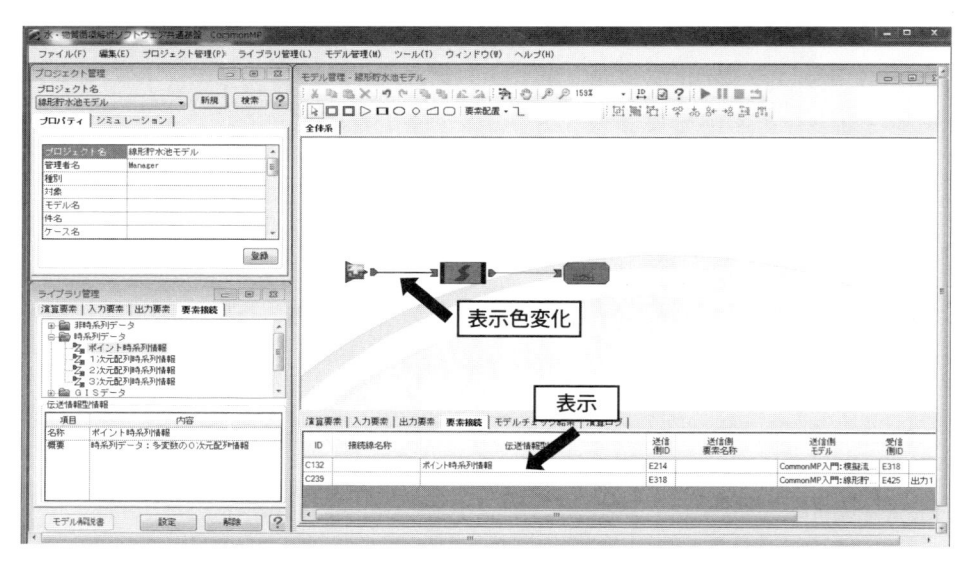

図 4.14　伝送情報型の設定確認

4.1.6　モデルパラメータ設定

　次に，モデルパラメータの値を設定します。まず，「パラメータ設定」画面を表示させるために，設定した要素モデルをダブルクリックするか（図 4.15），要素モデルを右クリックして現れるポップアップメニューの［パラメータ設定］をクリックしてください（図 4.16）。

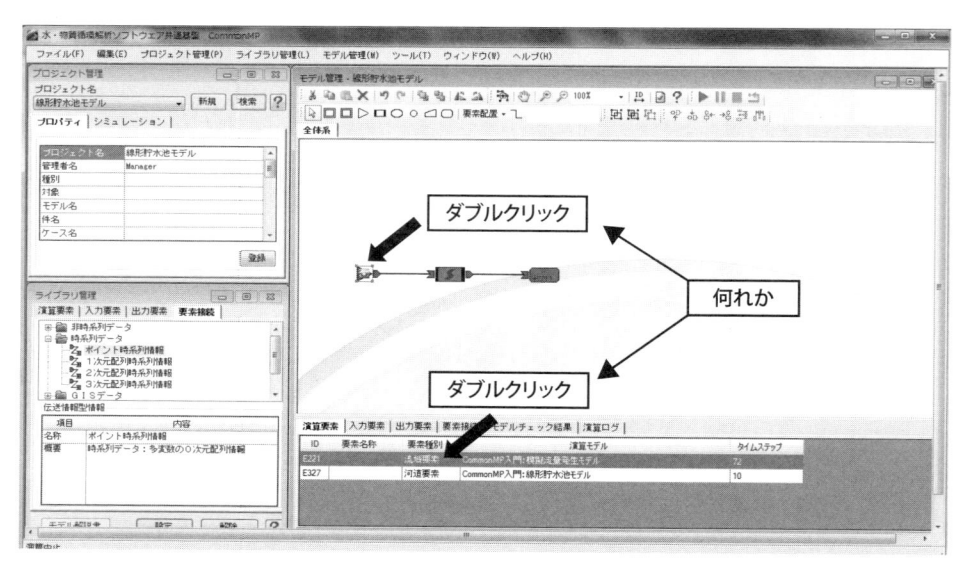

図 4.15　パラメータ設定画面の表示操作（1）

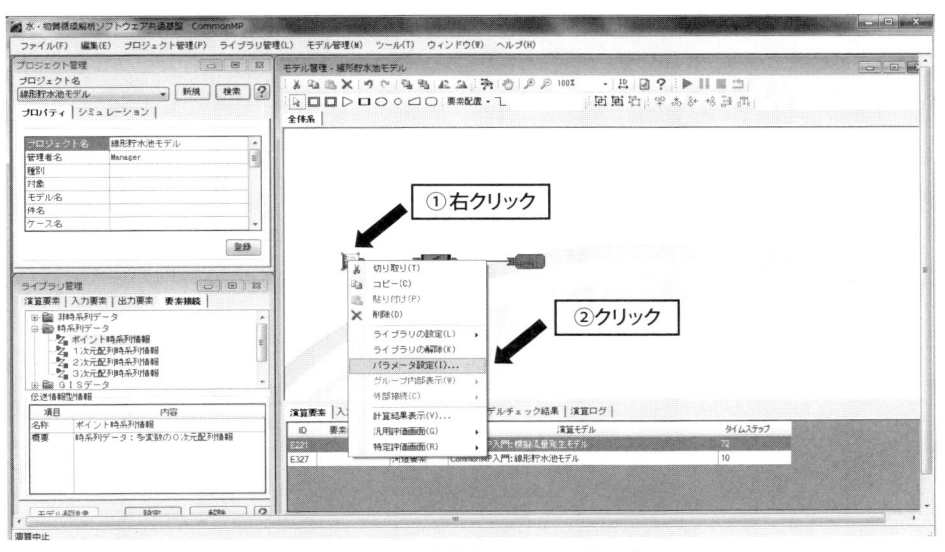

第4章　シミュレーションモデルの構築2

図4.16　パラメータ設定画面の表示操作（2）

図4.17の「パラメータ設定」画面が表示されます。「パラメータ設定」画面の［詳細設定］ボタンをクリックすると，要素モデルのプロパティおよび初期情報が表示されます（図4.18）。この画面で変更する項目の値をクリックして選択して値を変更します。この画面の［設定］ボタンをクリックすることで設定が変更されます。設定変更しない場合は［キャンセル］ボタンをクリックします。

模擬流量発生モデルは次式にしたがってます。

$$Q(t) = Q_b + (Q_p - Q_b)\left\{\frac{t}{t_p}\exp\left(1 - \frac{t}{t_p}\right)\right\}^c \tag{4.1}$$

設定するパラメータは以下のとおりです。
タイムステップ：$Q(t)$の値を設定する時間間隔（秒）
Q_b：基底流量（m³/s）
Q_p：ピーク流量（m³/s）
t_p：ピーク生起時間（hr）
c：流量ハイドログラフの形状を設定する係数

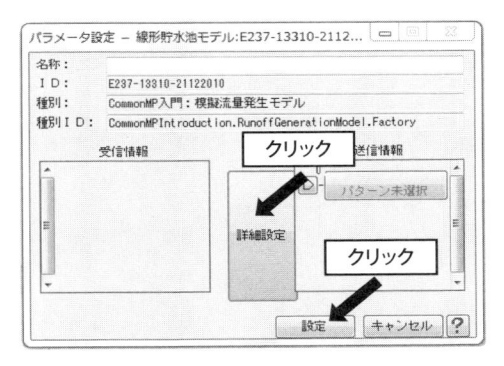

図4.17　パラメータ設定画面

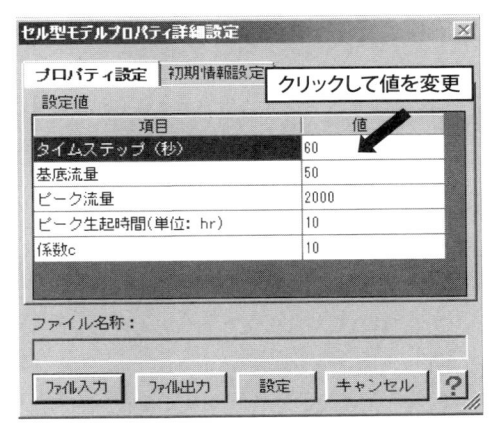

図4.18　パラメータ設定画面（プロパティ設定）

これらのパラメータの値を図4.18のプロパティ設定画面で設定します。半角数字で値を入力し［設定］ボタンをクリックしてください。全角数字や文字などを入力すると，該当項目の背景色が赤色でエラー表示されます。

　設定したパラメータ値をXML形式の外部のテキストファイルに出力し，そのファイルを編集した後，読み込むこともできます。この操作をしたい場合は，まず［ファイル出力］ボタンをクリックします（図4.19）。

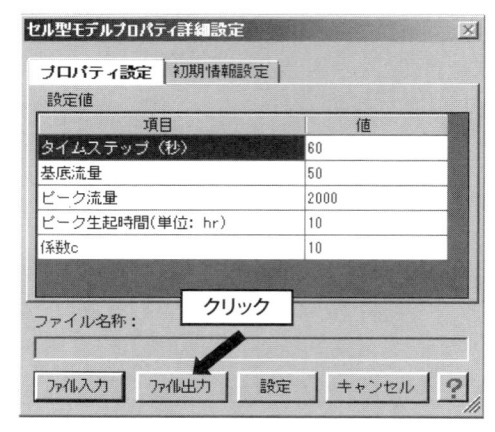

図4.19　パラメータ値のファイル出力操作

　「名前を付けて保存」の画面が現れますので，出力先のフォルダおよび出力ファイル名を指定し，［保存］ボタンをクリックします（図4.20）。データのチェックを行ってから出力されます。

図4.20　出力ファイル名の指定

　出力ファイル名称が表示され，パラメータのデータがファイルに出力されます（図4.21）。パラメータファイルを入力する場合は［ファイル入力］ボタンをクリックし，入力データのあるフォルダおよび入力ファイル名を指定します。

　なお，模擬流量発生モデルでは初期情報の設定項目はありません。

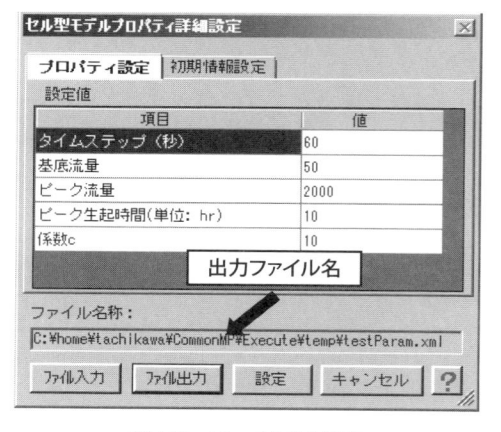

図4.21　ファイル出力画面

次に，河道要素の線形貯水池モデルのパラメータで初期情報を設定します。図 4.22 の左は「線形貯水池モデル」のパラメータ設定画面，右は初期情報設定画面です。

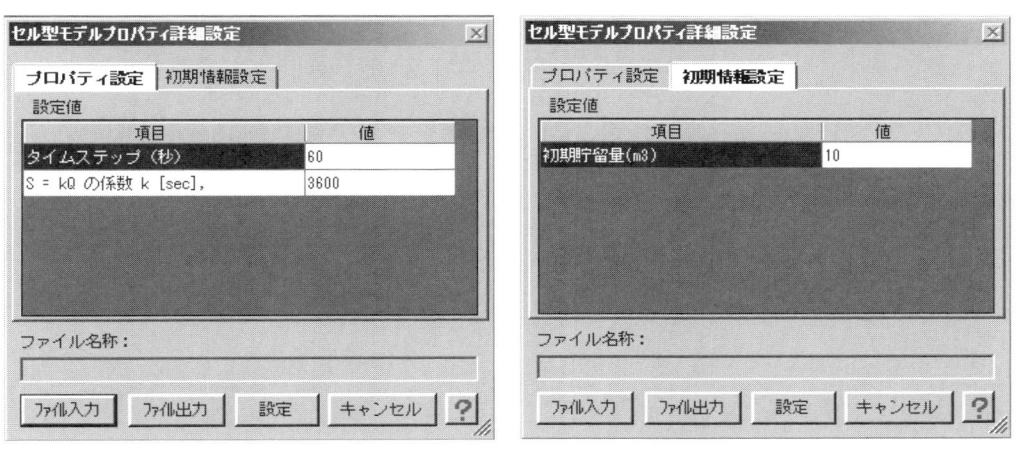

図 4.22　線形貯水池モデルのパラメータ設定画面（左）と初期情報設定画面（右）

線形貯水池モデルの基礎式は以下のとおりです。ある河道区間を考え，時刻 t の河道区間上端からの流入量を $I(t)$，その区間下端からの流出量を $Q(t)$，その区間の河道貯留量を $S(t)$ とします。河道区間の連続式は

$$\frac{dS}{dt} = I - Q \tag{4.2}$$

であり，S と Q の間に以下の線形関係を仮定します。

$$S = kQ \tag{4.3}$$

モデルパラメータは（4.3）式の k です。図 4.22（左）では k とタイムステップ（差分計算の時間間隔）の値を設定します。図 4.22（右）では計算開始時の河道貯留 $S(0)$ の値を設定します。

［任意時系列入力モニターグラフ出力］要素のパラメータ設定画面は図 4.23 のようです。タイムステップは1時間ごととし 3600 秒を指定します。初期情報の設定項目はありません。

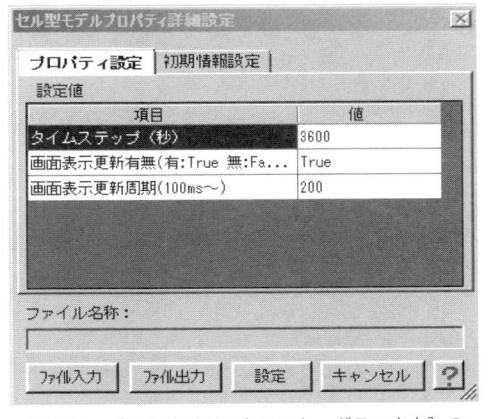

図 4.23　［任意時系列入力モニターグラフ出力］のパラメータ設定画面

4.1.7　伝送情報型のパラメータ設定

　伝送情報型パラメータ設定は以下の手順で実施します。まず，パラメータを設定画面を表示するために，接続線をダブルクリックするか（図 4.24），接続線を右クリックして表示されるポップアップメニューの［パラメータ設定］をクリックします（図 4.25）。

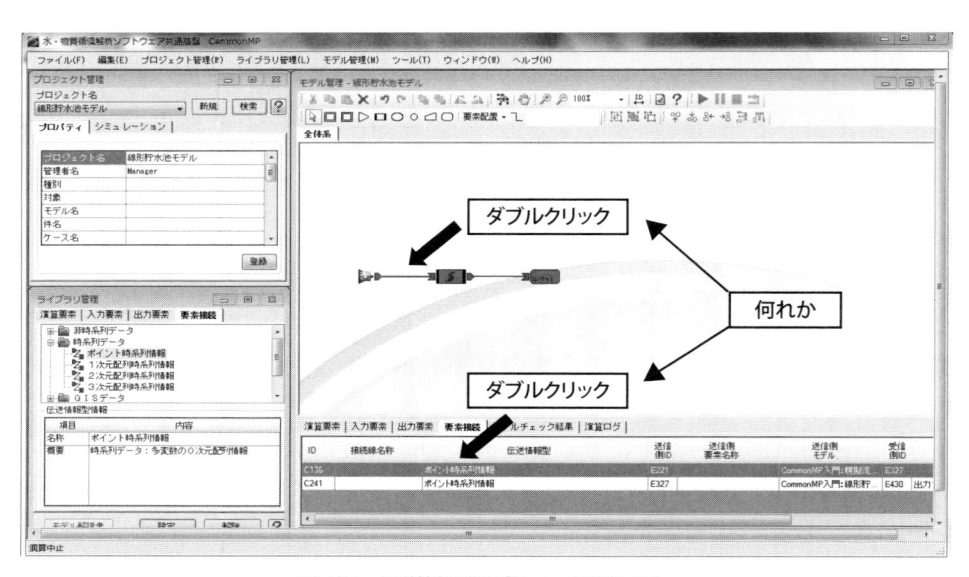

図 4.24　伝送情報型のパラメータ設定（1）

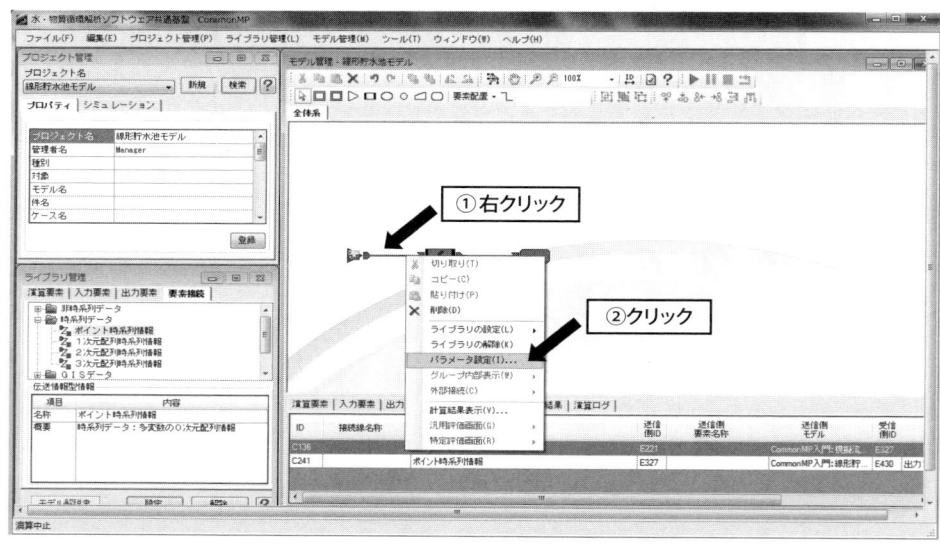

図 4.25　伝送情報型のパラメータ設定（2）

次に，パラメータ設定画面（図4.26）で上流および下流モデルの伝送情報型パラメータを選択します。上流および下流モデル情報は，接続されている要素モデルにより変化します。この画面の［設定］ボタンをクリックすることで設定変更されます。設定変更しない場合は［キャンセル］ボタンをクリックします。

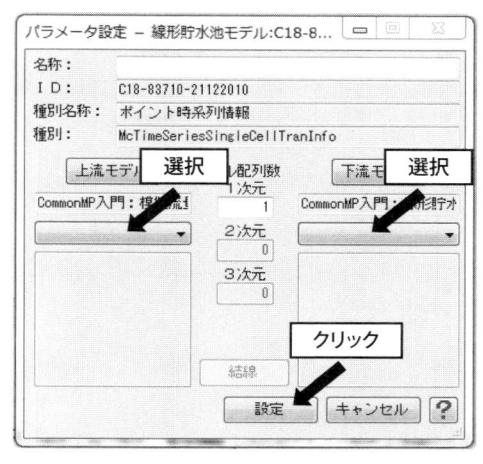

図4.26　伝送情報型パラメータの設定（1）

上流および下流モデルの伝送情報型パラメータを設定すると，図4.27の［結線］ボタンを押すことができるようになり，このボタンをクリックすると「セル型伝送情報結線設定」画面（図4.28）が表示されます。演算モデルが複数の種類の出力情報を持つ場合，ここでどの情報とどの情報を接続するかを指定します。

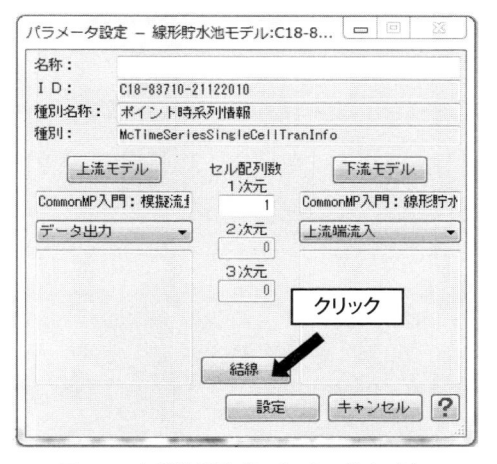

図4.27　伝送情報型パラメータの設定（2）

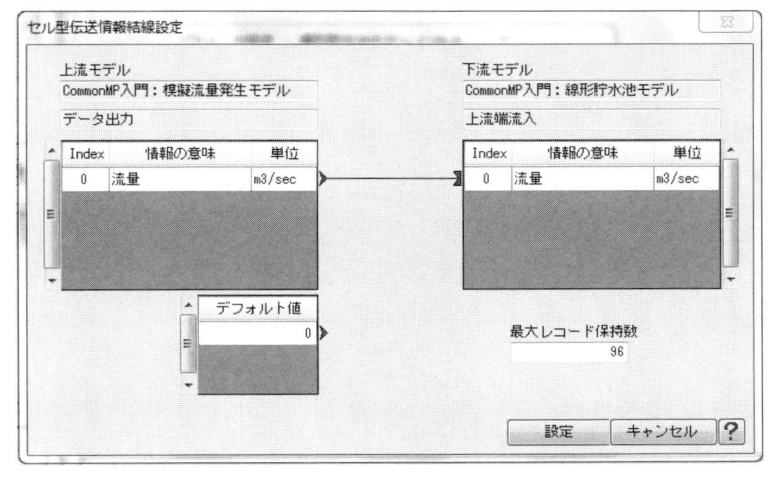

図4.28　セル型伝送情報の結線の設定

4.1.8 要素モデルの接続チェック

構築したモデルが正常に接続されてるか確認します。モデル管理ツールバーの［モデルチェック］ボタンをクリックして，モデルチェックを起動します（図4.29）。あるいは［モデル管理］メニューの［モデルチェック］をクリックします（図4.30）。

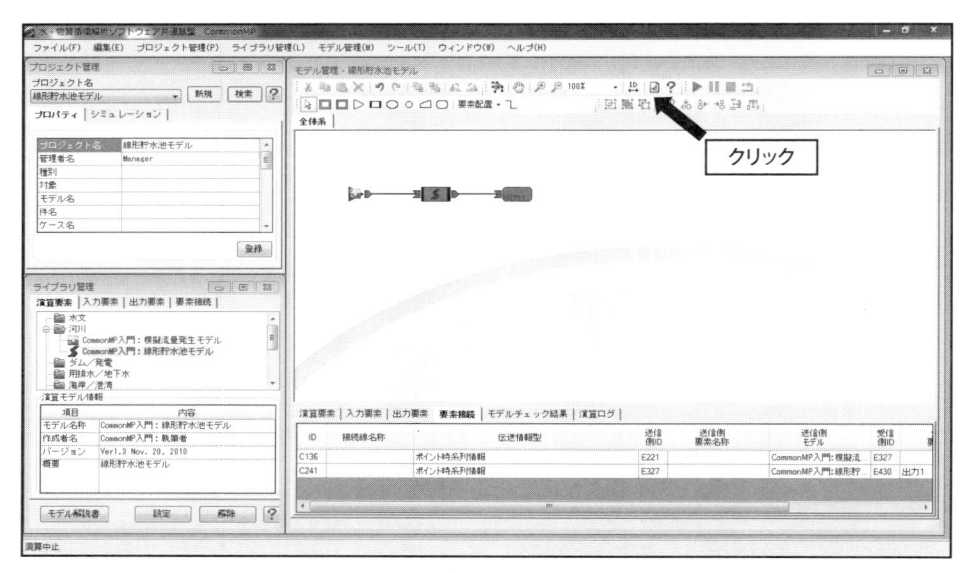

図4.29　モデルチェック画面（1）

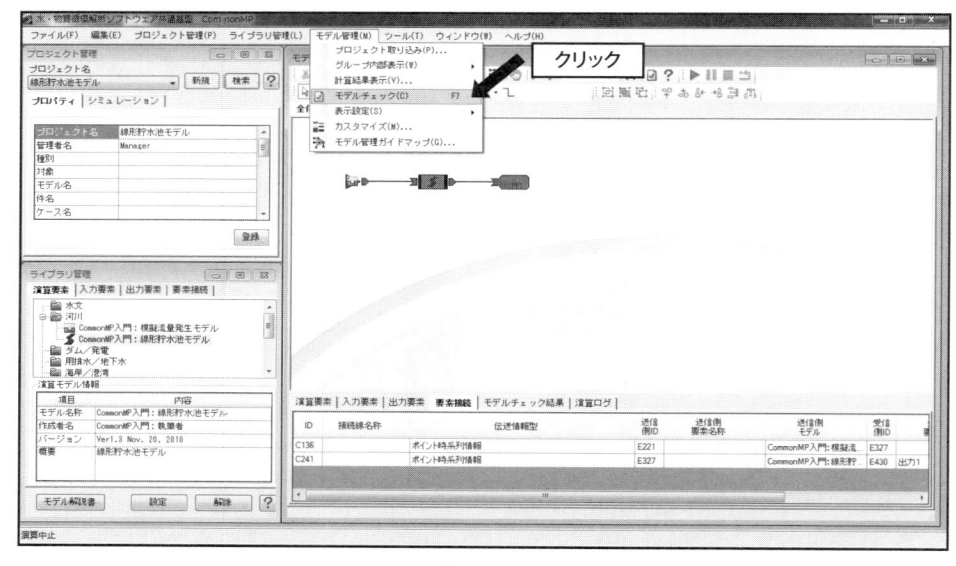

図4.30　モデルチェック画面（2）

モデル管理情報表示エリアの［モデルチェック結果］タブ内にエラーがないかを確認します（図4.31）。エラーが出たら，メッセージに従ってシミュレーションモデルの設定を修正してください。

第4章　シミュレーションモデルの構築2

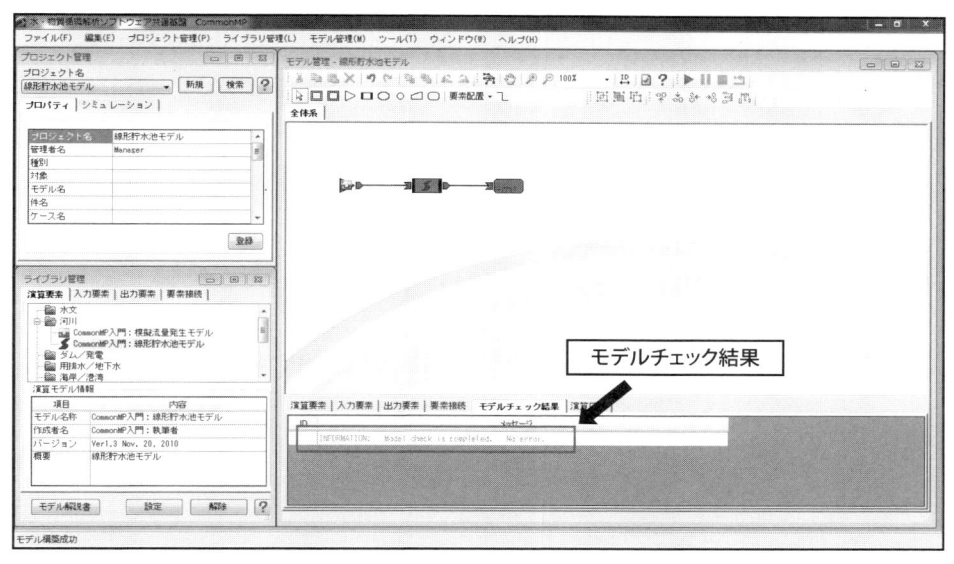

図 4.31　モデルチェック確認画面

4.1.9　プロジェクトの保存

最後に構築したプロジェクト「線形貯水池モデル」を保存します。3.3.3 で示した手順に従ってプロジェクトを保存してください。

4.2　プロジェクトの拡張

これまでに作成したシミュレーションモデルを作り替えて，上流から与える河川流量を，模擬流量発生モデルではなく，河川流量時系列データをテキストファイルで与えることにします。また「線形貯水池モデル」を直列に接続し，計算結果をファイルに出力するように，シミュレーションモデルを拡張します（図 4.32）。

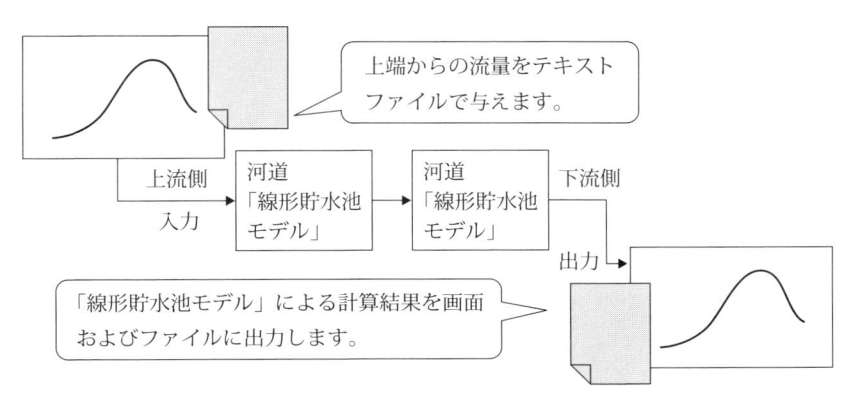

図 4.32　シミュレーションモデルの拡張

4.2.1　テキストファイルによる時系列データの入力

　これまでに作成したシミュレーションモデルのプロジェクトを修正して，新しいプロジェクトを作成します。そのために，まず 3.3.4 で示した手順に従って，前節で作成・保存したプロジェクト「線形貯水池モデル」を呼び出します。次に，これまでに作成したプロジェクトを別名で［登録］します（図 4.33）。ここでは新しいプロジェクト名を「線形貯水池モデル 2」とします。これにより，元のプロジェクトを修正して新しいシミュレーションモデルのプロジェクトを構築することができます。

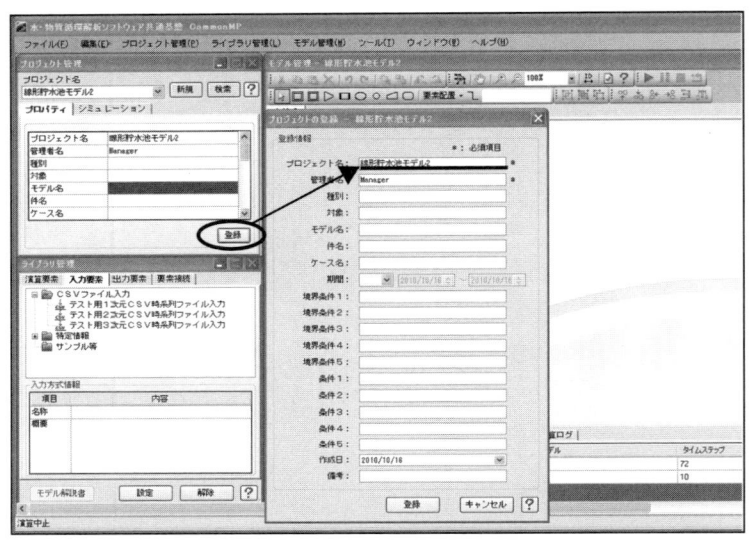

図 4.33　プロジェクトの別名での保存

　まず，「模擬流量発生モデル」として配置していた要素を削除し，新たにモデル管理画面のメニューバーから［入力要素］を選択して画面に配置します（図 4.34）。

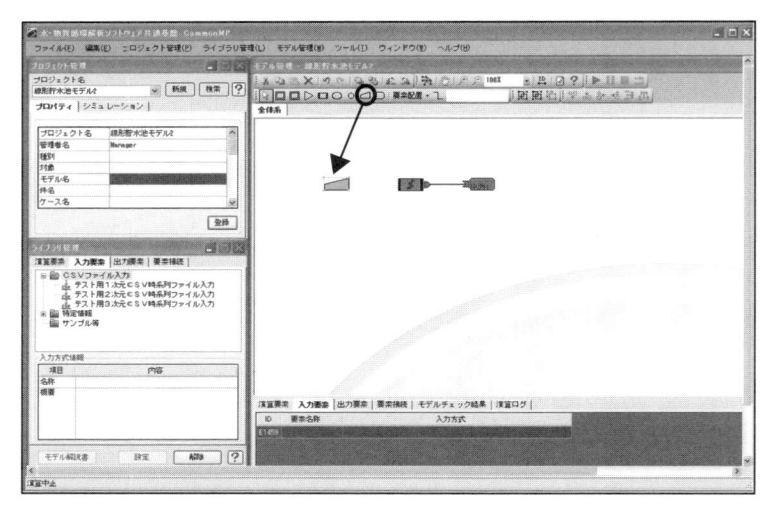

図 4.34　入力要素の配置

テキストファイル（CSV形式）に記載した流量時系列データを用いるために，「ライブラリ管理」画面の入力要素タブから「テスト用1次元CSV時系列ファイル入力」を選択して，入力要素に設定します（図4.35）。

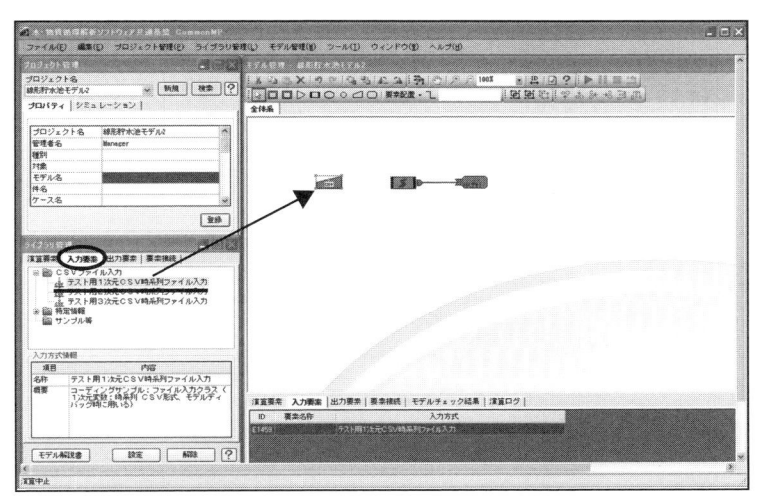

図4.35　入力要素モデルの設定

次に，入力要素のパラメータ設定画面から，入力するテキストファイル名をパスを付けて指定します（図4.36）。サンプル入力ファイルSampleInputData.csvをたとえばExecute¥ModelData¥Sampleの下に置き，Execute¥binからの相対パスを指定してください。図4.37はダウンロードサイトにあるSampleInputData.csvです。

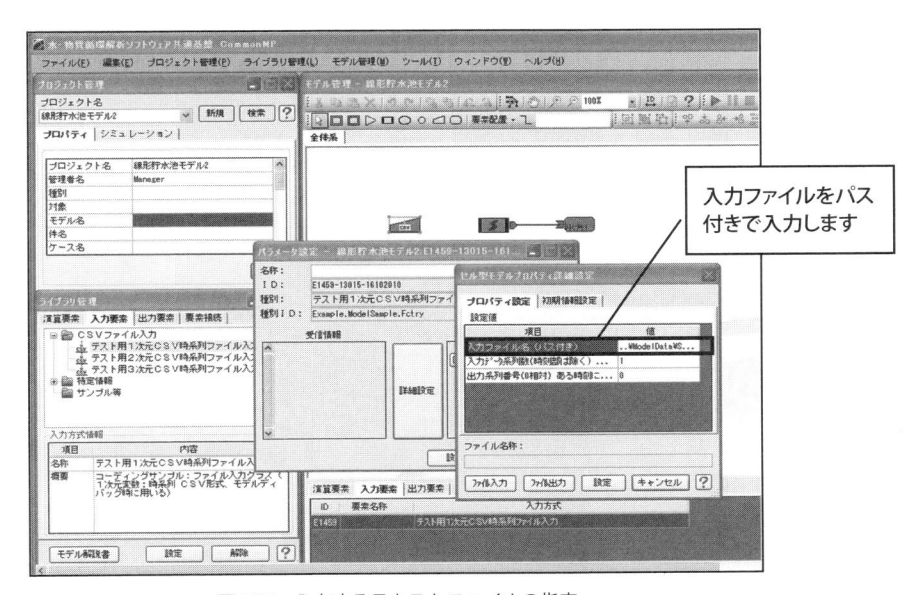

図4.36　入力するテキストファイルの指定

次に，上記で新たに配置したテキストファイルによる入力要素と「線形貯水池モデル」の要素モデルを接続してください。接続は 4.1.5 および 4.1.7 に従ってください。

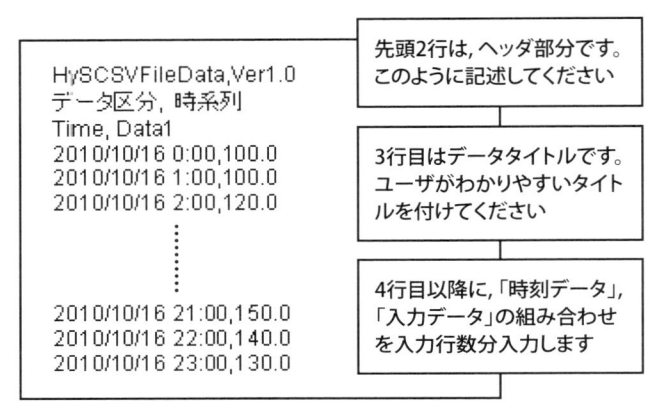

図 4.37　テキストファイル（CSV形式）のフォーマット

4.2.2　計算結果のテキストファイルへの出力

コンピュータ画面だけでなく，テキストファイルにも計算結果を出力する方法を示します。「モデル管理」画面のメニューバーから［出力要素］を選択し，画面に配置します（図 4.38）。

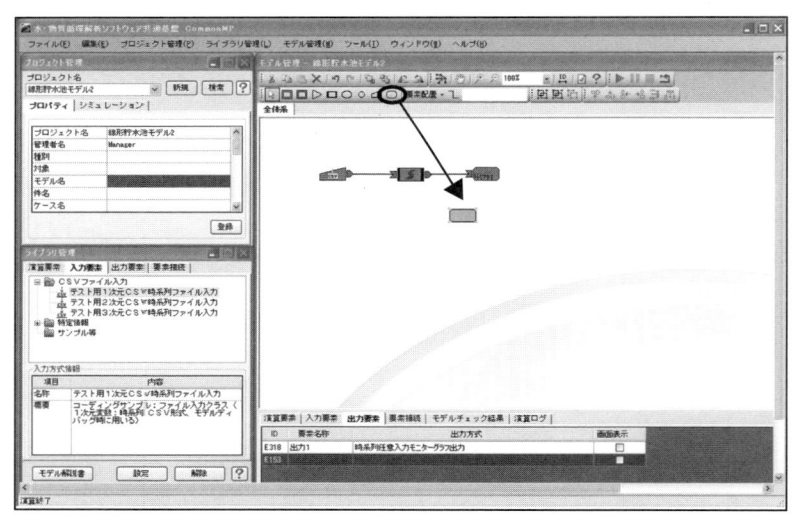

図 4.38　計算結果のフィイル出力のための出力要素の配置

次に，「ライブラリ管理」画面の［出力要素］タブから［テスト用 1, 2 次元 CSV 時系列ファイル出力］を選択し設定します（図 4.39）。

第4章　シミュレーションモデルの構築2

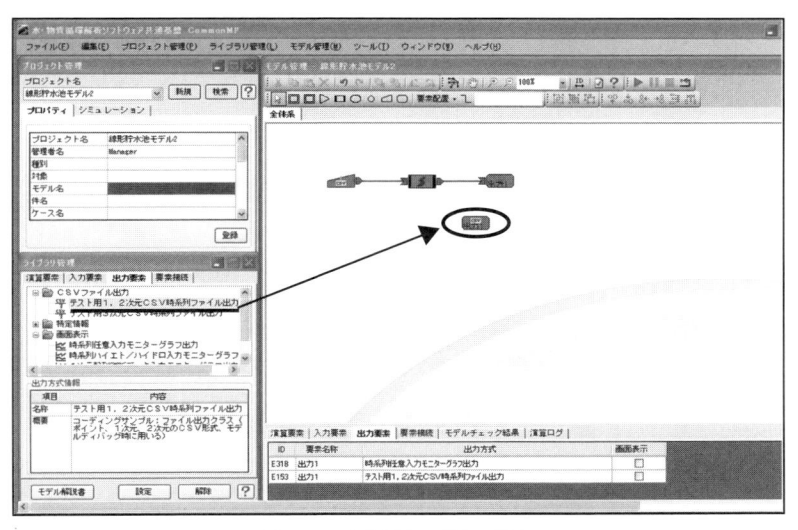

図4.39　出力要素モデルの設定

　出力要素のパラメータ設定画面から［詳細設定］-［プロパティ設定］を選択して出力するテキストファイルをExecute¥binからの相対パスを付けて指定します（図4.40）。また［詳細設定］-［初期情報設定］を選択してデータの出力時間間隔を3600秒に設定します（図4.41）。

図4.40　出力するテキストファイルの指定

　最後に上記で新たに配置したテキストファイルへの出力要素と「線形貯水池モデル」の要素モデルを接続してください。

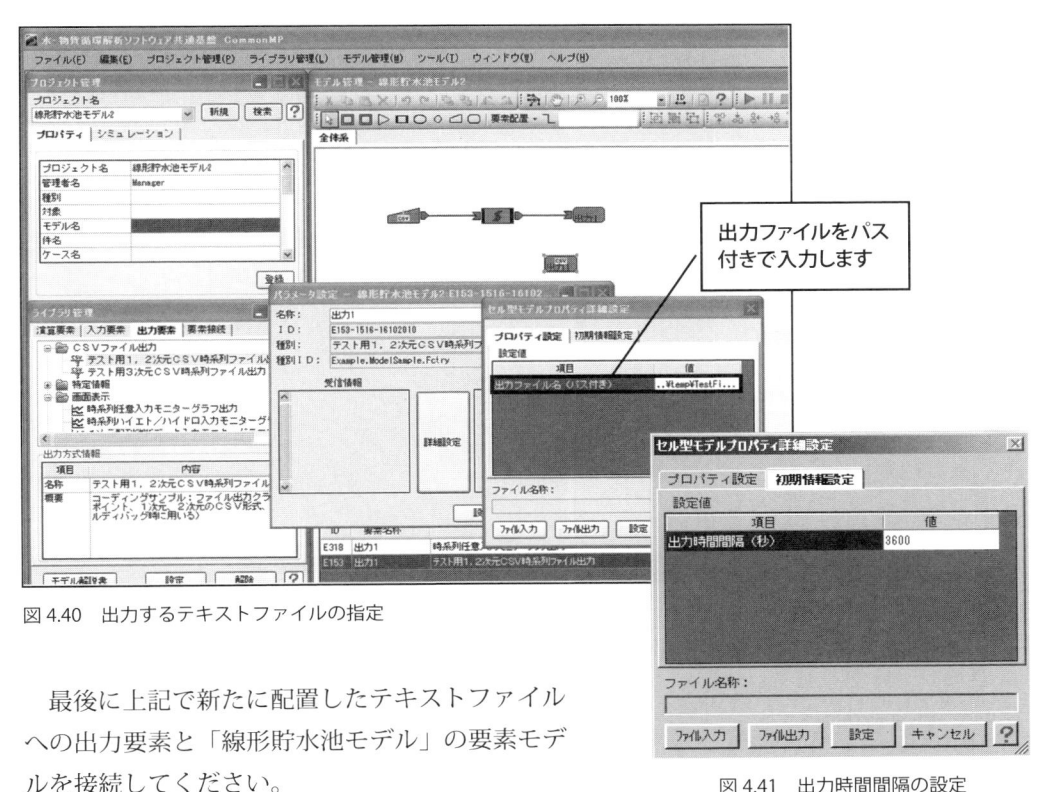

図4.41　出力時間間隔の設定

4.2.3　演算要素モデルの複数接続

　演算要素モデルは複数配置することができます。線形貯水池モデルを直列に配置してみましょう（図4.42）。この例では，すでに配置した入力要素モデルと線形貯水池モデルの間にもう1つ線形貯水池モデルを追加しました。また複数配置した要素それぞれの計算結果を出力するため新たに出力要素を配置し「時系列任意入力モニターグラフ出力」の指定を行って追加した線形貯水池モデルと接続しています。

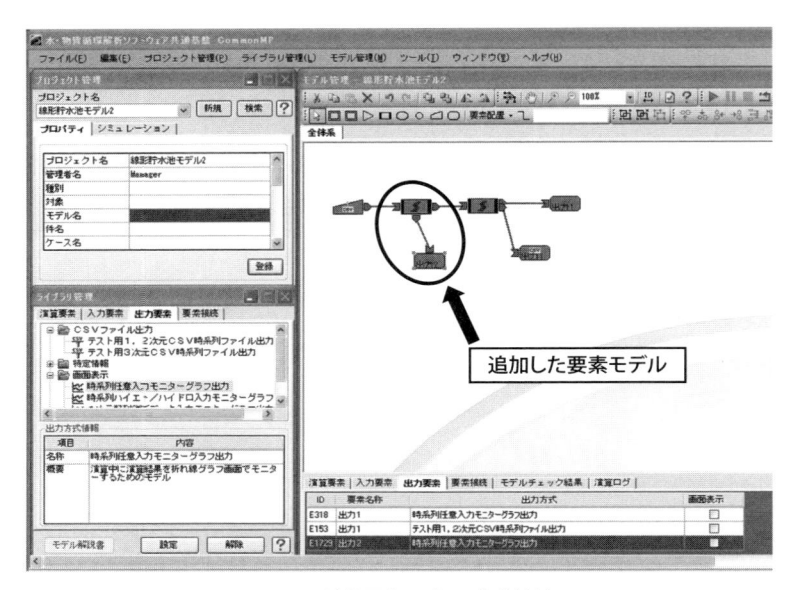

図 4.42　演算要素モデルの複数接続

4.2.4　要素モデルの接続チェックとプロジェクトの保存

　図4.42のように要素モデルの配置と接続が終わったら4.1.8の手順に従って要素モデルの接続チェックを行ってください。エラーがないことを確認したら3.3.3で示した手順に従ってプロジェクト「線形貯水池モデル2」を保存してください。

4.3　まとめ

　本章ではCommonMPによるシミュレーションモデルの構築方法を具体的に説明しました。CommonMPには本章に関連する以下のドキュメントがpdfファイルで付属しています。これらも参照してください。

(1) CommonMP_操作_クイックチュートリアル.pdf：CommonMPの基本的な操作の解説があります。
(2) 操作手順書_CommonMP_Ver1.0.pdf：CommonMPの操作の詳しい解説があります。
(3) CommonMP画面仕様書.pdf：CommonMPの操作画面の詳しい解説があります。

第5章 シミュレーションモデルの実行

第4章で作成したプロジェクトを用いてシミュレーションを実行する手順を学びましょう。

5.1 シミュレーション画面の表示

前章で作成したプロジェクト「線形貯水池モデル2」を呼び出します。プロジェクトの呼び出し方は，3.3.4に記述したとおりです。プロジェクトを呼び出すと図5.1の「モデル管理」画面に，第4章で構築したシミュレーションモデルが表示されます。

プロジェクトを呼び出したら，4.1.8に従って要素モデルの接続チェックを行ってください。「モデル管理」画面下部の[モデルチェック結果]タブに表示されるメッセージを確認し，エラーが出たら，メッセージに従ってシミュレーションの設定を修正してください。

要素モデルの接続にエラーがないことを確認したら，「プロジェクト管理」画面の[シミュレーション]タブをクリックします（図5.1）。

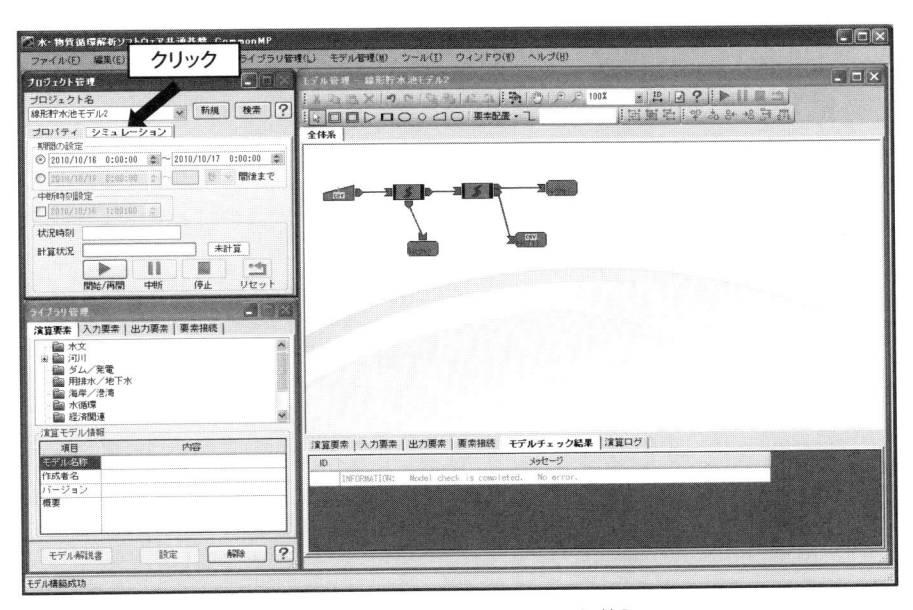

図5.1 シミュレーション画面への切替え

5.2 シミュレーション期間の設定

シミュレーション期間を設定する日時をクリックし，スピンボタン［ ］をクリックして設定します（図5.2）。ここでは入力ファイルSampleInputData.csvの時間に合わせて2010年10月16日0時から2010年10月17日0時までを計算期間として設定します。必要に応じ，中断時刻を設定します。中断時刻を有効にするには，チェックボックスにチェックを入れます。

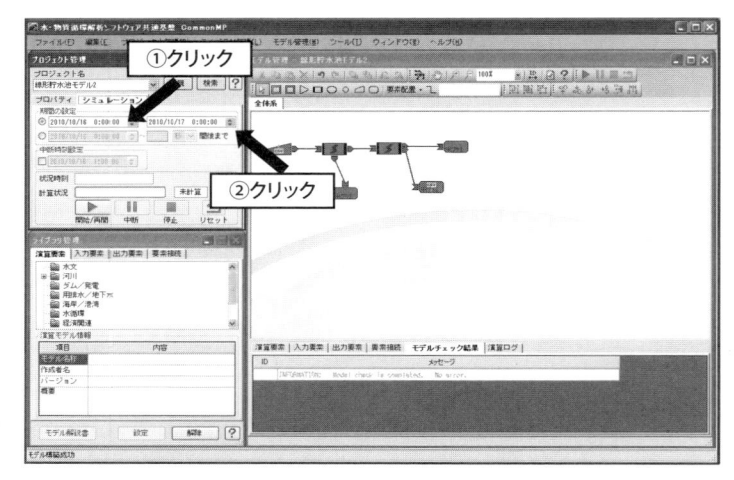

図5.2　シミュレーション期間の設定

5.3　シミュレーションの実行

5.3.1　計算の開始

［開始／再開］ボタンをクリックします（図5.3）。要素モデルの接続に誤りがある場合はエラーメッセージが現れて開始されません。メッセージをもとにシミュレーションモデルを修正してください。接続に誤りがなければ計算が開始されます。

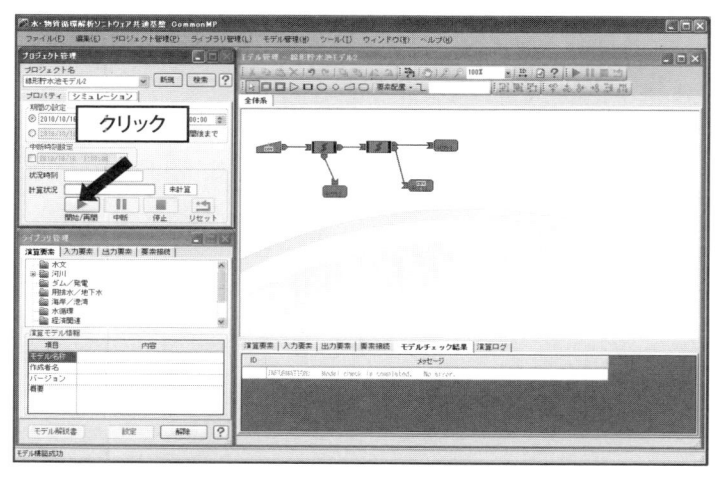

図5.3　計算開始の操作

5.3.2　計算の中断

［中断］ボタンをクリックすると計算を一時的に中断することができます（図 5.4）。

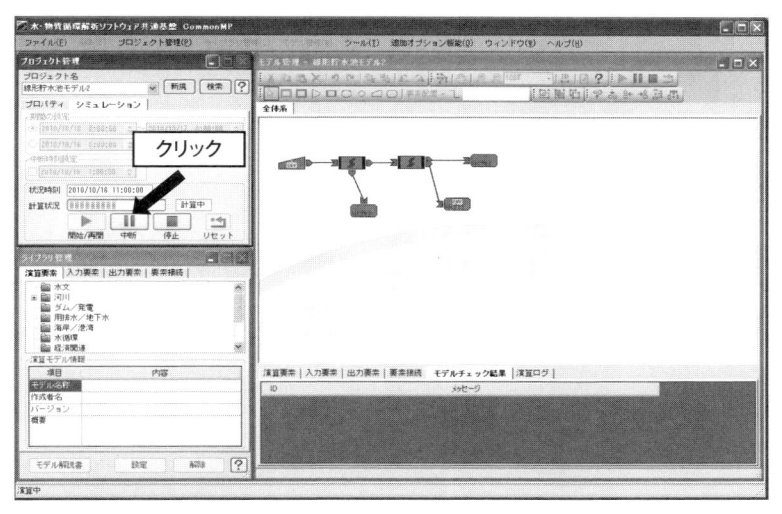

図 5.4　計算中断の操作

5.3.3　計算の再開

［開始／再開］ボタンを選択すると，中断したときの続きからシミュレーション計算を再開します（図 5.5）。このとき，環境設定ファイルのログ出力レベルを要素モデルデバッグレベルに設定している場合は，モデル管理画面の［演算ログ］タブに計算状態が表示されます。環境設定ファイルの詳細は，CommonMP 本体に付属するドキュメントの「環境設定ファイル仕様書」を参照してください。

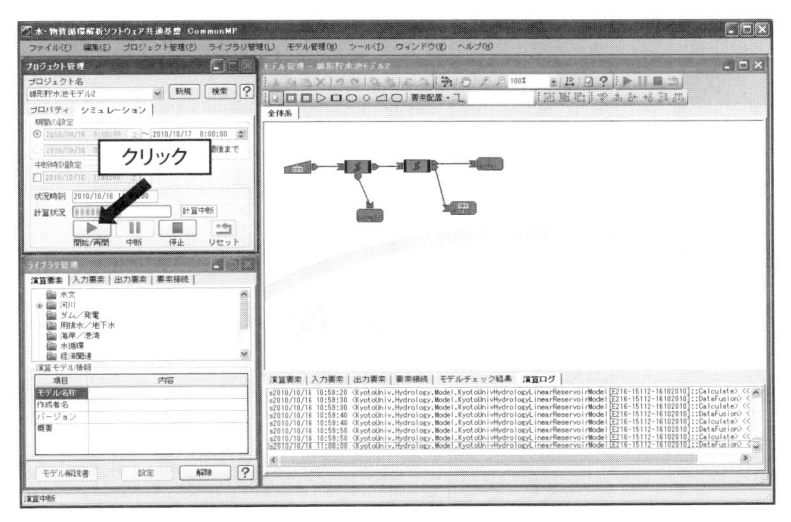

図 5.5　計算再開の操作

5.3.4　計算の停止

［停止］ボタンを選択すると，シミュレーション計算が停止します（図5.6）。

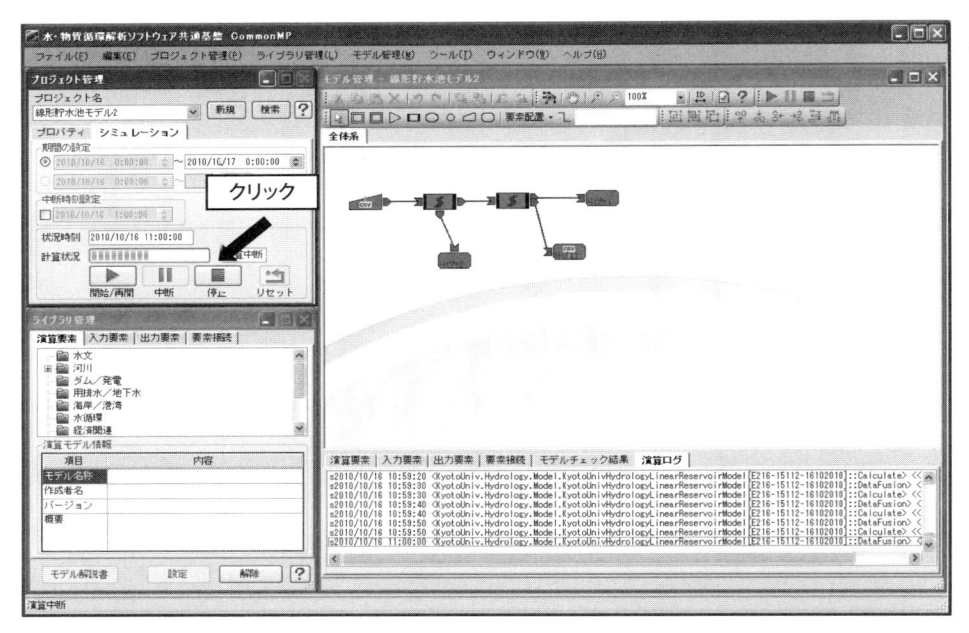

図5.6　計算停止の操作

計算停止の確認が求められます。［OK］ボタンをクリックすると，計算が停止します（図5.7）。［キャンセル］ボタンをクリックすると本画面が閉じ計算が続行されます。

図5.7　計算停止の確認

5.3.5　計算の完了

計算が完了すると計算完了ダイアログが表示されます。ダイアログの［OK］ボタンをクリックすると計算が終了します（図5.8）。

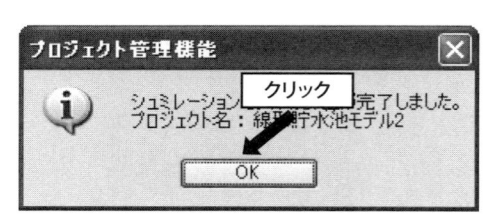

図5.8　計算完了の確認

5.4 シミュレーションの初期化

計算シミュレーションは以下の手順で初期化することができます。初期化すると計算結果が削除されて，初期の状態に戻ります。まず，［リセット］ボタンをクリックします（図 5.9）。

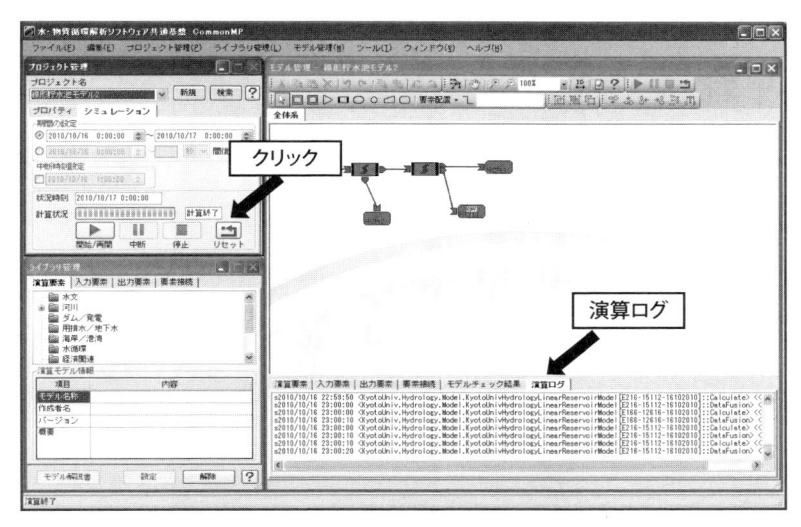

図 5.9　計算結果の初期化の操作

すると確認ダイアログが表示されます（図 5.10）。［OK］ボタンをクリックすると，計算結果の初期化が行われ計算情報がクリアされます（図 5.11）。［キャンセル］ボタンをクリックすると，計算結果の初期化は行われません。

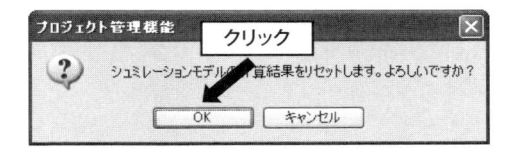

図 5.10　計算結果の初期化

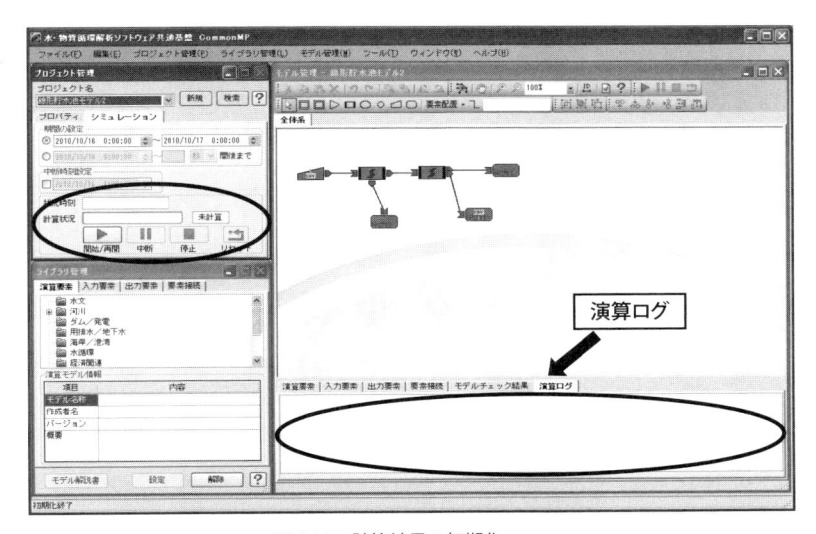

図 5.11　計算結果の初期化

5.5 シミュレーション過程と結果の表示

5.5.1 計算過程の表示

計算中は，計算時刻および計算状況が更新され表示されます（図 5.12）。

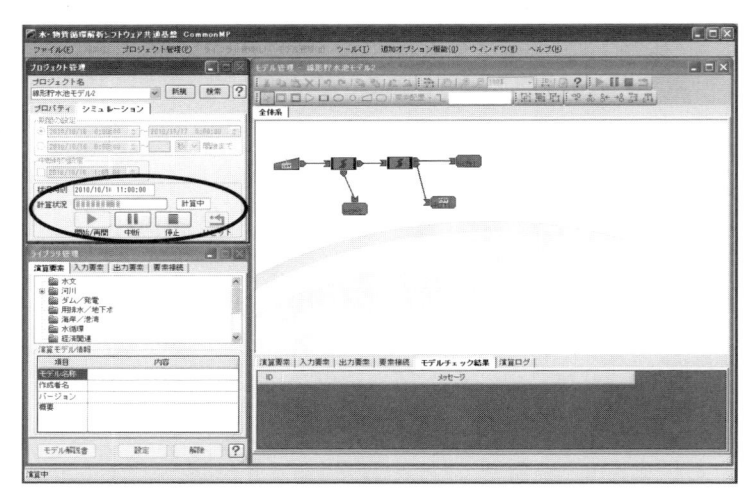

図 5.12　計算過程の表示

5.5.2 計算結果の表示

「時系列任意入力モニターグラフ出力」による出力要素を配置している場合は，画面に結果をグラフ表示することができます。モデル管理画面の下方にあるタブから［出力要素］タブを選択し，画面出力する要素の［画面表示］のチェックボックスにチェックを入れると（図5.13），画面出力ウインドウが立ち上がります（図 5.14）。左側が上流側の線形貯水池モデルの出力，右側が下流側の線形貯水池モデルの出力です。

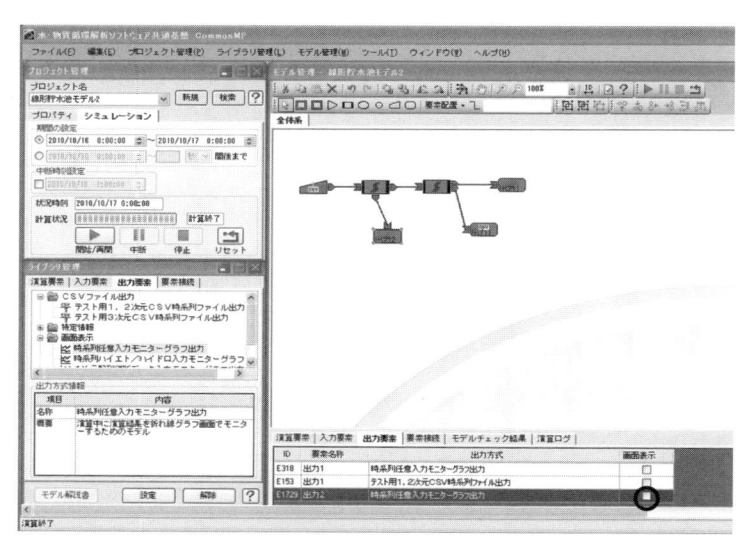

図 5.13　画面出力の指定

第5章　シミュレーションモデルの実行

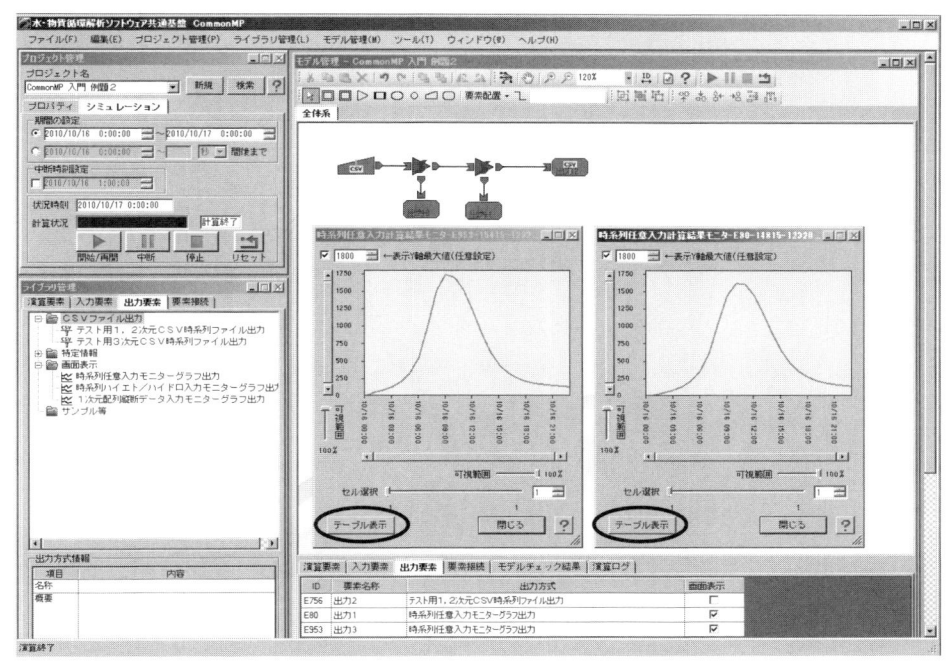

図 5.14　画面出力ウインドウでのグラフ表示

立ち上がった画面出力ウインドウの左下にある［テーブル表示］ボタンをクリックすると，グラフ表示が数値表示に切り替わります（図 5.15）。

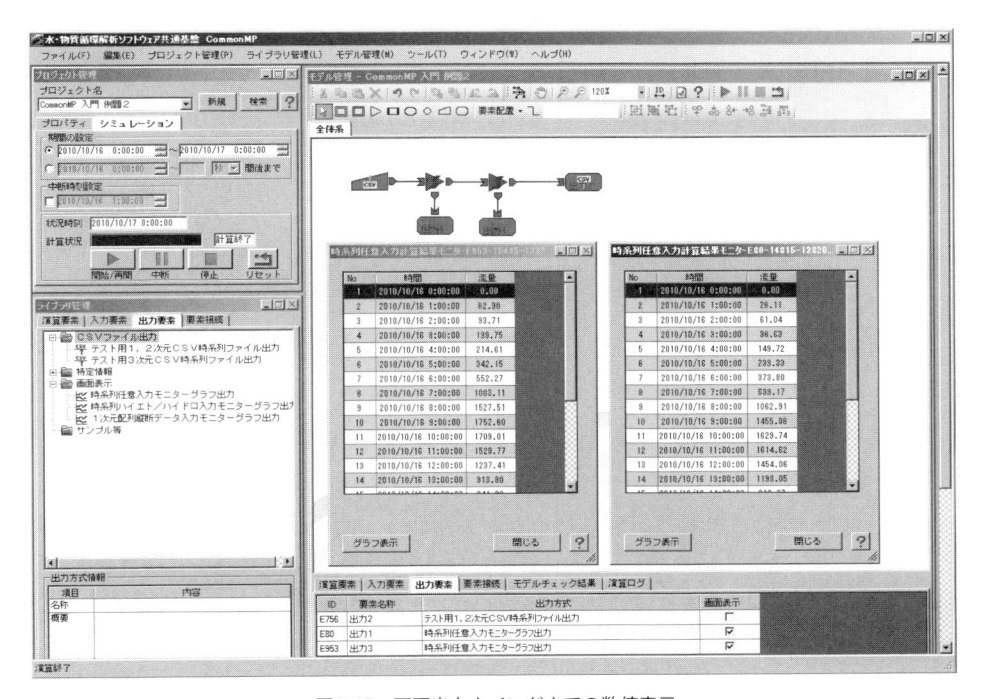

図 5.15　画面出力ウインドウでの数値表示

出力要素として「テスト用 1，2 次元 CSV 時系列ファイル出力」を指定した場合，出力要素のパラメータ設定画面で指定した出力ファイルに計算結果が出力されます（図 5.16）。

```
HySCSVFileData,Ver1.0
データ区分, 時系列
Time, Data0
2010/10/16 00:00:00,0.00277777777777778
2010/10/16 01:00:00,34.1917905626679
2010/10/16 02:00:00,68.1507450463923
2010/10/16 03:00:00,105.561984514608
2010/10/16 04:00:00,163.082537367573
2010/10/16 05:00:00,255.471527210897
2010/10/16 06:00:00,410.161079055614
2010/10/16 07:00:00,707.275336908426
2010/10/16 08:00:00,1159.47936065369
2010/10/16 09:00:00,1522.40251184847
2010/10/16 10:00:00,1652.56115413987
2010/10/16 11:00:00,1604.0146937264
2010/10/16 12:00:00,1416.25782989194
2010/10/16 13:00:00,1141.02569347074
2010/10/16 14:00:00,858.803369719737
2010/10/16 15:00:00,623.201669597976
2010/10/16 16:00:00,455.100211678451
2010/10/16 17:00:00,342.99201039132
2010/10/16 18:00:00,267.89838627317
2010/10/16 19:00:00,221.16003294052
2010/10/16 20:00:00,192.872435888522
2010/10/16 21:00:00,174.392414892949
2010/10/16 22:00:00,160.631365346531
2010/10/16 23:00:00,149.015029350294
```

図 5.16　テキストファイル出力の例

5.6　まとめ

本章では CommonMP によるシミュレーションモデルの実行方法を具体的に説明しました。CommonMP には本章に関連する以下のドキュメントが pdf ファイルで付属しています。これらも参照してください。
（1）CommonMP_ 操作 _ クイックチュートリアル .pdf：CommonMP の基本的な操作の解説があります。
（2）操作手順書 _CommonMP_Ver1.0.pdf：CommonMP の操作の詳しい解説があります。
（3）CommonMP 画面仕様書 .pdf：CommonMP の操作画面の詳しい解説があります。
（4）環境設定ファイル仕様書 V01.pdf：CommonMP の環境設定の詳しい解説があります。

CommonMPの要素モデルを作ってみよう

　第3章から第5章では，要素モデルを組み合わせてシミュレーションモデルを構築し，実行する手順を示しました。本章以降では，新しく要素モデルを開発する方法を示します。

　まず第6章では，要素モデルの基本的な概念を示します。

　次に第7章では，前章で利用した線形貯水池モデルを例としてソースプログラムを示します。

　第8章はビルドとデバッグの方法の説明です。公開されたソースプログラムをコンパイルして実行形式のプログラムを作成する方法と，プログラムの誤りを修正するデバッグの方法を示します。

　第9章では，CommonMPの開発環境ツールについて説明します。ソースプログラムのかなりの部分はCommonMPの仕様に合わせて記述する必要がありますので，その部分は自動生成することが可能です。そのためにCommonMPにはソースプログラムの開発を補助するための開発環境ツールが用意されています。その使い方を第9章で示します。

第6章　要素モデルの基本的な概念

　要素モデルの開発を行うためは，開発環境として Microsoft Visual C# 2005 Express Edition（SP1），Microsoft Visual Studio 2005 Standard Edition（SP1），Microsoft Visual C# 2008 Express Edition，Microsoft Visual Studio 2008 Standard Edition のいずれかがインストールされている必要があります。開発言語は Visual C# です。Visual Studio の利用方法や Visual C# の説明は，それぞれ多数の解説書がありますので，それらを参照してください。

6.1　CommonMPのディレクトリ構造

　CommonMP をインストールすると，図 6.1 のようにディレクトリとファイルが展開されます。CommonMP¥ は CommonMP のインストールフォルダです。インストーラの指定のままにインストールすると，C:¥Program Files¥CommonMP がインストールフォルダになります。この中で Execute の下に実行用のプログラム，Source の下には開発用のソースプログラムが展開されます。

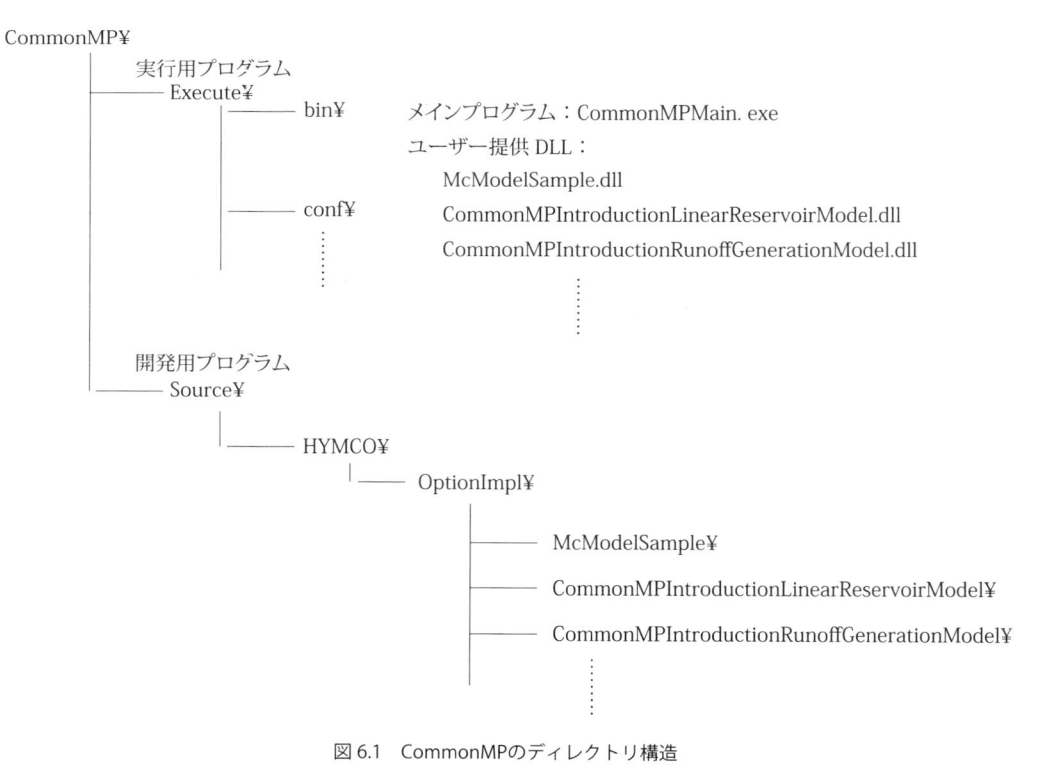

```
CommonMP¥
        ├── 実行用プログラム
        │   Execute¥
        │       ├── bin¥        メインプログラム：CommonMPMain.exe
        │       │               ユーザー提供 DLL：
        │       │                   McModelSample.dll
        │       │                   CommonMPIntroductionLinearReservoirModel.dll
        │       │                   CommonMPIntroductionRunoffGenerationModel.dll
        │       │                   ⋮
        │       └── conf¥
        │           ⋮
        └── 開発用プログラム
            Source¥
                └── HYMCO¥
                    └── OptionImpl¥
                        ├── McModelSample¥
                        ├── CommonMPIntroductionLinearReservoirModel¥
                        └── CommonMPIntroductionRunoffGenerationModel¥
                            ⋮
```

図 6.1　CommonMPのディレクトリ構造

Execute¥bin の下には，CommonMP 本体の実行形式や要素モデルの実行形式である DLL（Dynamic Link Library）を置きます。CommonMP を立ち上げたときに自動的にこのフォルダに置かれた DLL が認識され，その要素モデルを利用することができるようになります。

Source¥HYMCO¥OptionImpl の下には，要素モデルごとにフォルダを設定してソースコードとプロジェクトファイルを置きます。ここに CommonMPIntroductionLinearReservoirModel というフォルダがあることを確認してください。なければ，第 3 章でダウンロードしたファイルを展開してここにコピーしてください。このフォルダの中に第 4, 5 章で扱った線形貯水池モデルを実現するソースコードが含まれています。McModelSample や MyModelProperty というフォルダにもサンプルとなる要素モデルのソースコードが置かれています。

図 6.2 は CommonMPIntroductionLinearReservoirModel.zip を展開したときのファイルの内容です。この中の Model フォルダの下に要素モデルのソースコードを置きます。また，ModelManual フォルダの下には，その要素モデルの解説書を置きます。

詳しくは後の章で説明しますが，Microsoft Visual Studio を用いてソースプログラムのビルド（コンパイル）に成功すると，要素モデルのソースプログラムを置くフォルダの bin¥Debug の下に要素モデルの DLL が作成されます。この DLL を CommonMP¥Execute¥bin の下に置けば，CommonMP にその要素モデルを組み込むことができます。

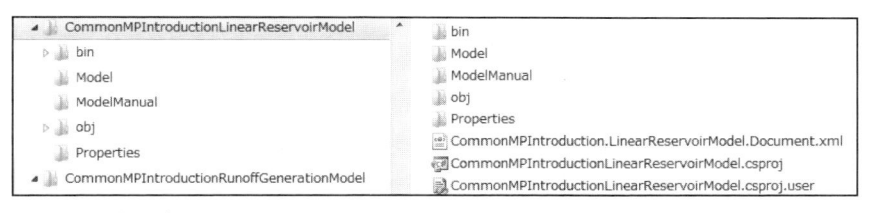

図 6.2　ダウンロードしたCommonMPIntroductionLinearReservoirModel.zipの内容

6.2　要素モデルを実現するDLLとクラス

要素モデルは DLL によって実現されることを示しました。CommonMP では多数のモデル開発者がそれぞれ要素モデルを開発し，DLL として提供することが可能です。そのため DLL の名称は重複しないようにする必要があります。このサンプルプログラムでは

CommonMPIntroductionLinearReservoirModel.dll

としています。

DLL を実現するソースプログラムは，以下の 4 つのクラスで実現します。（ ）の中は線形貯水池モデルの Model フォルダの下にあるソースプログラムのファイル名を示しています。

① 演算モデル定義クラス（LinerReservoirModelDefine.cs）：要素モデルの種別や名称など要素モデルの定義を記述します。
② 演算データクラス（LinerReservoirModelInfo.cs）：演算に用いる変数を定義します。
③ 演算モデルクラス（LinerReservoirModel.cs）：要素モデルのクラスを記述します。演算部分やデータの入出力など，要素モデルの計算の中心となるクラスです。
④ 演算モデルファクトリクラス（LinerReservoirModelFactory.cs）：演算モデルクラスとそれに対応する演算データクラスのインスタンスの生成を行います。ほかの要素モデルとのデータの送受信に利用するデータ情報もここで設定します。

6.3 CommonMPによる演算処理の概要

図6.3にCommonMPにおける演算動作の基本構造を示します。要素モデルには，演算を担当する要素モデルと要素間のデータ伝送を担当する要素モデルがあります。要素間のデータの伝送を扱う要素接続用の要素モデルは，1点の時系列データを伝送する要素モデル，1次元，2次元，3次元のベクトル情報を時系列として伝送する要素モデルが標準で準備されています。新しく開発するモデルは，多くの場合，演算を行う要素モデルとなります。演算を行う要素モデルさえ作成すれば，前編で学んだようにCommonMP本体が要素モデルの接続やパラメータ設定，初期値設定，さらに計算実行の環境を用意してくれます。

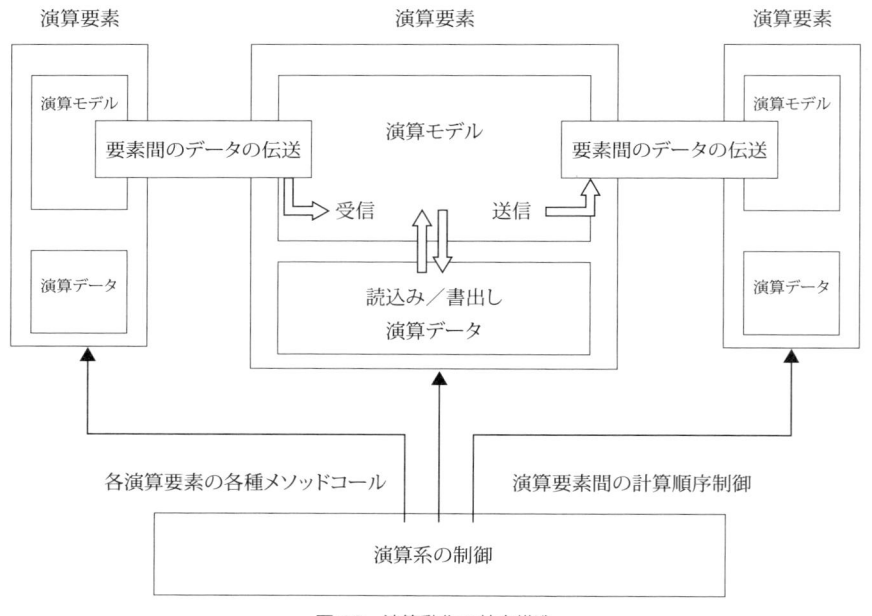

図6.3 演算動作の基本構造

6.4 演算要素モデルの種類

演算を担当する要素モデルには，未来計算型と現状計算型の2種類が想定され，これらの要素モデルを開発するための基本的なクラスが準備されています。この2つの種類の計算型について説明します。

未来計算型の概念図を図6.4に示します。未来計算型は，現在時刻t_1の要素モデルの状態量が与えられていて，将来時刻$t_1+\Delta t$での状態量の値を計算するモデルを構築するクラスです。要素モデルで表現したい現象が時間発展型の微分方程式で表される場合は，差分化した式を構成し，この形式の要素モデルを用いて計算部分のプログラムを作成します。第7章で述べますが，この場合はCommonMPで準備されているMcForecastModelBaseという基本クラスを継承して要素モデルのクラスを作成します。図中のCalculate( )は入力データの取得とΔt時間先の状態量を計算するためのメソッド，DataFusion( )はΔt時間先の計算が終了した後で，計算したデータを送信するためのメソッドです。いずれのメソッドも要素モデルを記述するクラスの中で，開発する要素モデルの機能に合わせて実装します。

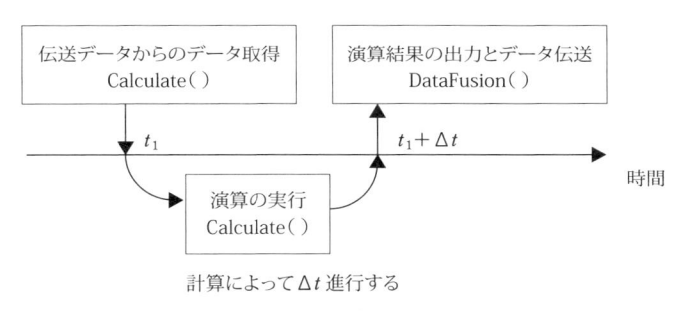

図6.4 未来計算型の要素モデルの計算の仕方

現状計算型は，現在時刻t_1までの入力データを用いて，現在時刻t_1の状態量を計算するモデルを構築するクラスです。図6.5に現状計算型の概念図を示します。未来計算型とは異なり演算によって時間は進行しません。この場合はCommonMPで準備されているMcStateCalModelBaseという基本クラスを継承して要素モデルのクラスを作成します。

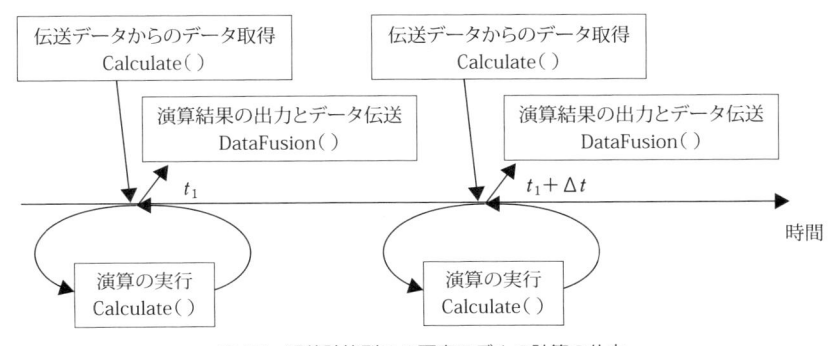

図6.5 現状計算型のの要素モデルの計算の仕方

6.5　演算要素モデルの計算の進め方

　CommonMP では計算を進める方法として非同期型と同期型が用意されています。どちらの制御を選ぶかは，CommonMP の画面上部から［プロジェクト管理］をクリックし，［制御パラメータ設定］の画面から選択することができます。

　非同期型の概念を図 6.6 に示します。非同期型では，接続した要素モデルの上流側から下流へと順次計算が行われます。計算順序は計算を開始する前に接続関係から自動的に決定され，この順序に従って計算が実施されます。この場合，演算要素モデル間の接続関係にループがないことが前提となります。非同期型の演算制御は，前節で示した未来計算型，現状計算型のどちらの演算要素モデルに対しても用いることができます。

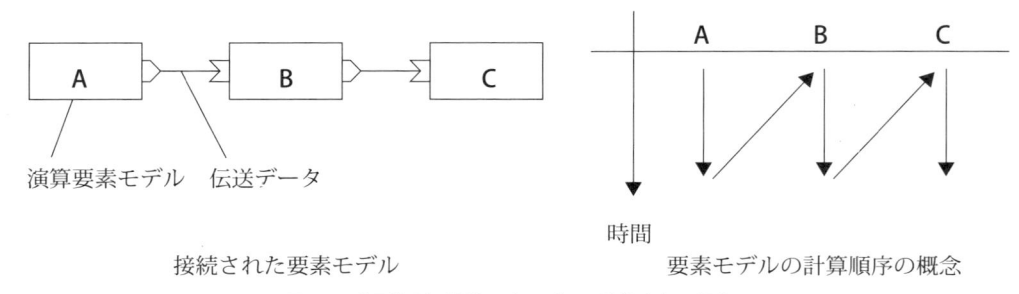

図 6.6　非同期型の演算要素モデルの計算実行の概念図

　もう一つの計算の方法として同期型があります。同期型の概念を図 6.7 に示します。非同期型とは異なり，接続関係に依存せずに短い時間間隔でシステム全体の演算を進めて，その時間間隔での計算が終了するごとにデータを伝送します。演算要素モデル間の接続関係にループがあっても計算を進めることができます。また，伝送データについては，保持するレコード数が少ないという利点があります。ただし，ある演算要素モデルが計算を行うときに，その上流側の演算要素モデルの計算が終了していることは保障されません。そのため，十分に短い時間間隔で計算を進めるなどの注意が必要です。同期型の演算制御は，前節で示した未来計算型の演算要素モデルに対してのみ用いることができます。

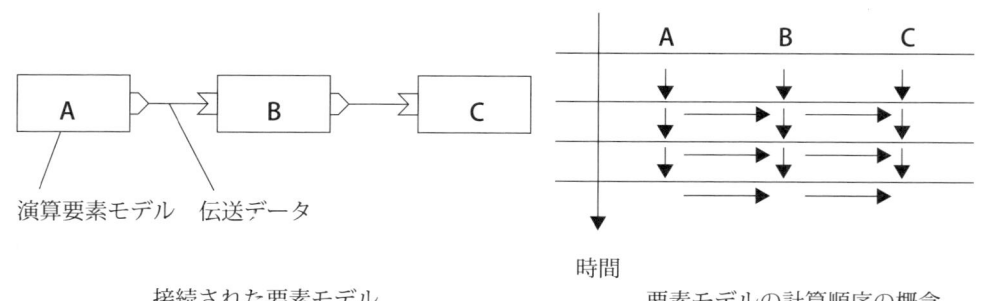

図 6.7　同期型の演算要素モデルの計算実行の概念図

6.6　要素モデル間のデータ送受信

　要素モデル間のデータの受け渡しは，セル型伝送データを用いて行われます。モデル開発者は，計算した結果をデータセルというデータの塊にセットし，CommonMP で用意されている DataFusion（ ）というメソッドを実装します。これにより要素モデル間のデータの送受信が実現されます。図 6.8 に要素モデル間のデータ送受信の概念図を示します。

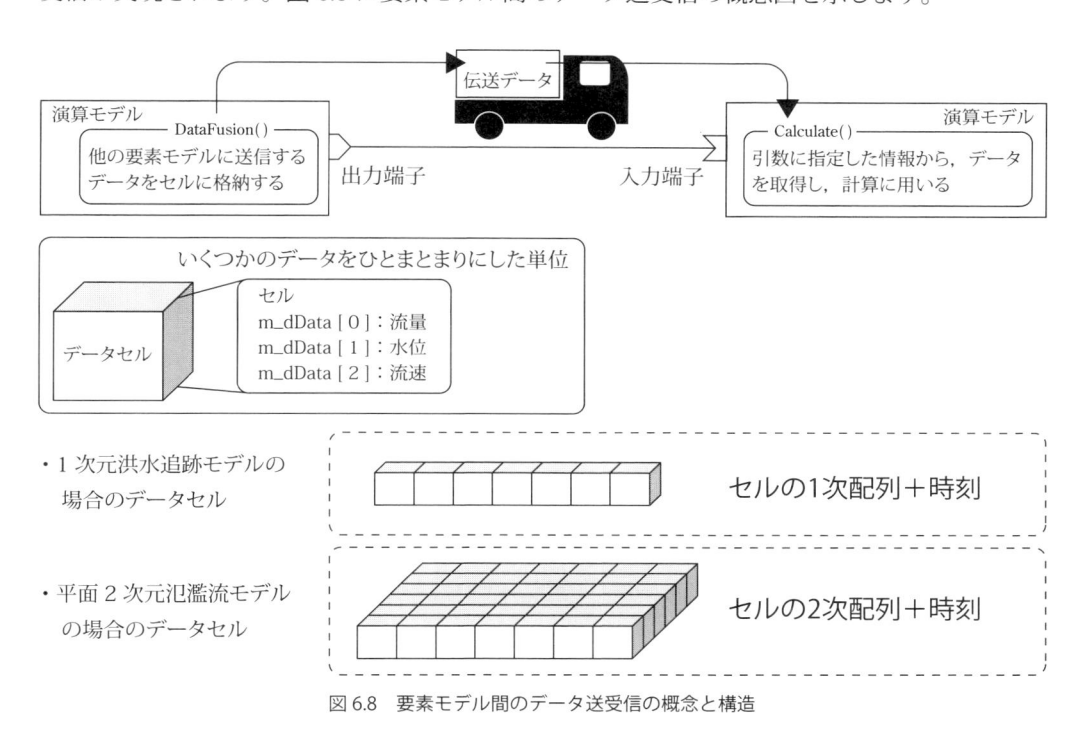

図 6.8　要素モデル間のデータ送受信の概念と構造

　データセルはデータセルの最小単位であるセル（1 次元の配列）の塊です。たとえば図 6.8 の例では，セルはある 1 地点で計算された流量，水位，流速です。1 次元の洪水追跡モデルを要素モデルとし，各計算断面の流量，水位，流速を送信したい場合，各計算断面での流量，水位，流速をセットしたセルの 1 次元配列がデータセルとなります。同様に平面 2 次元の氾濫流モデルで，各地点での流速や水位をセルにセットするならば，データセルはセルの 2 次元配列となります。

　このデータセルを送信する側の要素モデルの出口を出力端子，受信する側の要素モデルの入り口を入力端子と呼ぶことにします。

　セルやデータセルをどのように設定するかはモデル開発者に任されますので，要素モデルを利用する場合は，どのデータセルにどの値が設定されているかを知り，データの入出力を誤りなく設定する必要があります。データセルとして伝送される値が具体的に何を計算した値であるかが利用者にわかるように，入力データおよび出力データの何番目の値が何を意味するデータであるかを演算モデルファクトリクラスで設定します。

演算モデルファクトリクラスを実装することにより，CommonMPは図6.9のような上下流の要素モデルでの接続情報の設定画面を準備してくれます。図6.9は，要素接続用の要素モデルのパラメータ設定画面で［結線］ボタンをクリックすると現れます。この画面上で，上流側の要素モデルのどの値を下流側の要素モデルのどの値に接続するかを設定します。

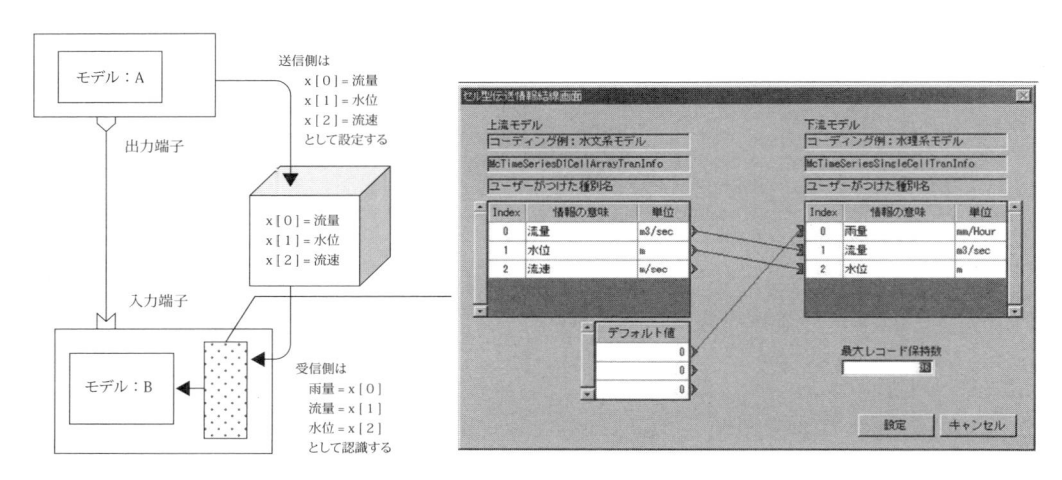

図6.9　データセルでの入出力データの設定

6.7　まとめ

　本章ではCommonMPにおける要素モデルの概念を説明しました。ここではそのエッセンスのみを解説しました。CommonMPには要素モデルの開発のために，以下のドキュメントがpdfファイルで付属しています。これらも参照してください。
(1) モデル開発チュートリアル.pdf：要素モデルを開発するための詳しい解説があります。
(2) 要素モデル開発要求書.pdf：要素モデルの開発に必要となる開発者用の詳しい解説があります。

第7章　要素モデルのソースプログラムの実際

　本章では，第4，5章で用いた線形貯水池モデルを例として，そのソースプログラムを具体的に説明します。ソースプログラムは Source¥HYMCO¥OptionImpl¥CommonMPIntroduction LinearReservoirModel¥Model の下にあります。CommonMP に付属するドキュメント「モデル開発チュートリアル」と「要素モデル開発要求書」に詳しい解説がありますので，これらも適宜参照してください。

7.1　クラスのコーディングに関する一般的な事項

　CommonMP では，要素モデル同士が互いにデータをやり取りして計算を進めることができるように，要素モデルの共通の仕様を定めています。その共通の仕様は CommonMP で用意されている基本クラスを継承し，要素モデルを派生クラスとして作成することで実現されます。派生クラスの中で，仕様の定められたメソッドを実装することによって CommonMP 上で動作する要素モデルを構築することができます。第6章で示したように，要素モデルは以下の4つのクラスを記述することで実現されます。

　①演算モデル定義クラス　　　　　LinearReservoirModelDefine.cs
　②演算データクラス　　　　　　　LinearReservoirModelInfo.cs
　③演算モデルクラス　　　　　　　LinearReservoirModel.cs
　④演算モデルファクトリクラス　　LinearReservoirModelFactory.cs

　クラスやメソッド，変数の名前の付け方はいくつかの流儀がありますが，ここでは以下の表記法を用います。たとえばクラス名は HySTime のように最初の文字と後に続いて連結される単語の最初の文字を大文字にします。変数名称は型が判るように以下のように表記します。

　①クラスのインスタンス：先頭に cs を付ける。
　　例：HySTime **cs**StartTime = new HySTime( ) ;
　② long 型の変数：先頭に l を付ける。
　　例：long **l**Loop
　③ double 型の変数：先頭に d を付ける。
　　例：double **d**Data
　④クラスのメンバ変数：先頭に m_ を付ける。
　　例：double **m_d**Data
　　例：HySTime **m_cs**StartTime

7.2 線形貯水池モデル

線形貯水池モデルは水文学的な洪水河道追跡手法の1つです。ある河道区間を考え，その河道区間の上端から流入する河川流量が与えられた場合に，その河道区間の下端から流出する河川流量を求めます。図7.1は，河川をある長さの河道区間に分割し，その分割した河道区間ごとに線形貯水池モデルを適用することを示す模式図です。

ある河道区間での時刻におけるその区間上端への流入量を$I(t)$，その区間下端からの流出量を$Q(t)$，その区間の河道貯留量を$S(t)$とします。すると河道区間での連続式は

$$\frac{dS}{dt} = I - Q \tag{7.1}$$

となります。線形貯水池モデルではSとQとの間に以下の線形の関係があると仮定します。

$$S = kQ \tag{7.2}$$

このモデルでは，河道区間上端から流量$I(t)$を受け取り，河道区間下端からの流量$Q(t)$を計算して送信します。状態量は河道貯留量$S(t)$です。

次に，これらの式を差分化して解くことを考えましょう。（7.1）式のQを（7.2）式を用いて消去し，以下のように離散化します。添え字jは時刻tでの値を表し，$j+1$は$t+\Delta t$での値を表すものとします。Δtは差分の時間間隔です。

$$\frac{S_{j+1} - S_j}{\Delta t} = \frac{I_{j+1} + I_j}{2} - \frac{S_{j+1} + S_j}{2k} \tag{7.3}$$

これをS_{j+1}について解くと

$$S_{j+1} = \left\{ \frac{I_{j+1} + I_j}{2} + S_j \left(\frac{1}{\Delta t} - \frac{1}{2k} \right) \right\} / \left(\frac{1}{\Delta t} + \frac{1}{2k} \right) \tag{7.4}$$

が得られます。上流からの流入量I_jとI_{j+1}は与えられるため，S_jがわかればS_{j+1}を得ることができます。初期時刻のSは初期状態量として与えますので，（7.4）式を逐次用いることによって将来のSを求めることができます。これを（7.2）式に代入すれば

$$Q_{j+1} = S_{j+1} / k \tag{7.5}$$

として河道区間下端からの流出量を求めることができます。以上をまとめると，プログラムに必要となる情報は表7.1のようになります。

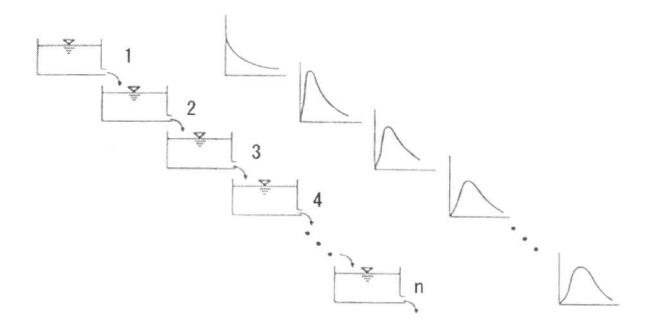

図7.1　直列につなげた線形貯水池モデルとそれによって計算される洪水流

表 7.1　線形貯水池モデルのプログラムに必要となる変数

項目		内容
送受信データ	受　信	河道上端からの流入量（m³/sec） 伝送仕様：ポイント時系列情報 変数名：inflow1, inflow2
	送　信	河道下端からの流出量（m³/sec） 伝送仕様：ポイント時系列情報 変数名：m_outflow
プロパティ情報	パラメータ	1）差分計算のタイムステップ（sec） 　　変数名：m_dt 2）貯留量に対する流出係数（sec），$S = kQ$のk（sec） 　　変数名：m_k
	初期状態量	河道区間における初期貯留量（m³） 変数名：m_storage
状態量		河道区間の貯留量（m³） 変数名：m_storage

7.3　演算モデル定義クラスの実装

　演算モデル定義クラスでは，要素モデルの種別や名称など，要素モデルを識別するためのメンバ変数の値を設定します．実装すべきメソッドはありません．図 7.2 に要素モデルの演算モデル定義クラスのソースコード LinearReservoirModelDefine.cs を示します．1 行目では using ディレクティブを用い，CommonMP で設定された名前空間内のクラスなどに，その名前空間名を指定しなくてもアクセスできるようにしています．3 行目では線形貯水池モデルのクラスを定義する場合の共通の名前空間を指定します．この名前空間はどのような名称でも構いませんが，定義するクラス名が CommonMP 内でユニークとなるように，たとえばモデル開発者が所属する組織名を付けるとよいでしょう．後で説明する 3 つのクラスもこの名前空間を用います．

　8, 9 行目は線形貯水池モデルが用いるファクトリクラスの識別子を設定します．ファクトリクラスでは，線形貯水池モデルのオブジェクトの生成やそれに伴う初期状態設定，プロパティ設定を行うメソッドを実装します．7.6 で具体例を示します．11, 12 行目はファクトリクラスとして標準で準備されている画面設計ではなく，独自の画面を用いる場合に用いるファクトリクラスの識別子を設定します．

　14, 15 行目は同一の DLL 内の中で要素モデルを識別するための種別識別子を与えます．この識別子は，同一 DLL に含まれるどの演算モデルを利用するかを特定するために用いられるため，同一 DLL 内でユニークである必要があります．構造定義ファイルでもこの識別子が要素モデルを識別するために使われます．17, 18 行目では要素モデルの名称を指定しています．この名称は，CommonMP の「ライブラリ管理」画面で要素モデルの名称を表示する際に用いられます．21 行目と 23 行目は要素モデルの上流端および下流端で接続するデータのパターンを定義しています．

```
001: using CommonMP.HYSSOP.CoreImpl.HSData;
002:
003: namespace CommonMPIntroduction
004: {
005:   public class LinearReservoirModelDefine
006:   {
007:     // ファクトリクラス識別子の設定
008:     public static readonly HySID MODEL_LIB
009:       = new HySID("CommonMPIntroduction.LinearReservoirModel.Factory ");
010:     // 独自画面を作成する場合のファクトリクラス識別子の設定
011:     public static HySID PROPERTY_SCREEN_FACTORY_LIB_ID
012:       = new HySID("CommonMPIntroduction.LinearReservoirModel.OriginalFactory ");
013:     // 線形貯水池モデルの種別識別子の設定（要素モデルを区別するために用いられる）
014:     public static readonly HySObjectKind MODEL_KIND
015:       = new HySObjectKind("CommonMPIntroduction.LinearReservoirModel ");
016:     // 線形貯水池モデルの名称の設定（要素モデルの名称として用いられる）
017:     public static readonly HySString MODEL_NAME
018:       = new HySString("CommonMP入門：線形貯水池モデル");
019:
020:     // 上流端入力のパターンを表わす名称の設定
021:     public static readonly HySID IN_PATTERN_TOP = new HySID("TopIn");
022:     // 下流端出力のパターンを表わす名称の設定
023:     public static readonly HySID OUT_PATTERN_BOTTOM = new HySID("BottomOut");
024:   }
025: }
```

図 7.2　演算モデル定義クラスのソースコード LinearReservoirModelDefine.cs

7.4　演算データクラスの実装

演算データクラスでは，演算モデルが用いるメンバ変数を宣言し，計算情報を保持するためのメソッドを実装します。演算データクラスはそれに対応する演算モデルクラスと対で作成します。演算モデルクラスは次の節で説明します。図 7.3 に線形貯水池モデルの演算データクラス LinearReservoirModelInfo を示します。7 行目が演算データクラスの宣言であり，CommonMP で準備されている演算データ基本クラス McCalInfo を継承して作成します。

メンバ変数は原則として public で宣言し，この演算データクラスに対応する演算モデルクラスからアクセスできるようにします。10 〜 13 行目でメンバ変数を宣言しています。演算データクラスで実装するメソッドは 2 つあります。継承元の McCalInfo クラスで定義されたメソッドをオーバーライドして固有の機能を実装します。1 つは 16 〜 21 行目にある Clone メソッドです。このメソッドでは同じクラスの別のインスタンスを生成します。もう 1 つは Clone メソッドの中で呼ばれている CopyInfo メソッドです。このメソッドでは，10 〜 13 行目で定義したメンバ変数を別のインスタンスのメンバ変数にコピーします。これらのメソッドは演算を途中で中断した場合に，そのときの状態を復元するときに利用されます。このクラスではメモリ上のオブジェクトの内容をファイルやデータベースに保存できるように，Serializable 属性（6 行目）を付けます。

```
001: using System;
002: using CommonMP.HYMCO.Interface.Data;
003:
004: namespace CommonMPIntroduction
005: {
006:     [Serializable]
007:     public class LinearReservoirModelCalInfo : McCalInfo
008:     {
009:         // メンバ変数の設定
010:         public double m_k;         //S = kQ の k
011:         public double m_dt;        // 計算時間間隔
012:         public double m_storage;   // 貯留量
013:         public double m_outflow;   // 流出量
014:
015:         //Clone メソッドの実装。自己を複製する
016:         public override McCalInfo Clone()
017:         {
018:             LinearReservoirModelCalInfo csRtn = new LinearReservoirModelCalInfo();
019:             csRtn.CopyInfo(this);
020:             return csRtn;
021:         }
022:
023:         //CopyInfo メソッドの実装。引数で与えられた情報を自分にコピーを行う
024:         public override bool CopyInfo(McCalInfo csOrgInfo)
025:         {
026:             LinearReservoirModelCalInfo csOrgDt = (LinearReservoirModelCalInfo) csOrgInfo;
027:             this.m_k = csOrgDt.m_k;
028:             this.m_dt = csOrgDt.m_dt;
029:             this.m_storage = csOrgDt.m_storage;
030:             this.m_outflow = csOrgDt.m_outflow;
031:             return true;
032:         }
033:     }
034: }
```

図 7.3　演算データクラスのソースコード LinearReservoirModelInfo.cs

7.5　演算モデルクラスの実装

　演算モデルクラスでは，水理・水文シミュレーションの具体的な演算部分を実装します。CommonMP には未来計算型と現状計算型の演算モデル基本クラスが用意されていることを前章で説明しました。未来計算型は現在の状態から 1 つ先の時間ステップでの状態を計算するクラスであり，その基本モデル演算クラスは McForecastModelBase です。現状計算型は現在時刻までの入力データを用いて現在時刻の状態を計算するクラスであり，その基本モデル演算クラスは McStateCalModelBase クラスです。図 7.4 に線形貯水池モデルの演算モデルクラス LinearReservoirModel の構造を示します。9 行目が演算モデルクラスの宣言であり，未来計算型の基本モデル演算クラス McForecastModelBase を継承して作成します。12 行目は演算中のデータにアクセスするためのメンバ変数の宣言であり，7.4 で定義した演算データクラス

LinearReservoirModelCalInfo 型の変数 mInf を宣言します。14 行目以降は実装すべきメソッドです。継承元の McForecastModelBase クラスで定義されたメソッドをオーバーライドして固有の機能を実装します。以下，メンバ変数とメソッドの実装例を順に示します。

```
001:  using CommonMP.HYMCO.CoreImpl.Data;
002:  using CommonMP.HYMCO.CoreImpl.Tool;
003:  using CommonMP.HYMCO.Interface.Data;
004:  using CommonMP.HYMCO.Interface.Model;
005:  using CommonMP.HYSSOP.CoreImpl.HSData;
006:
007:  namespace CommonMPIntroduction
008:  {
009:      public class LinearReservoirModel : McForecastModelBase
010:      {
011:          // メンバー変数の宣言
012:          LinearReservoirModelCalInfo mInf = null;  // 演算データクラス型の変数の宣言
013:          // メソッドの実装
014:          ①プロパティ情報の設定         public override bool SetProperty( )
015:          ②要素モデルの初期化           protected override bool Initialize( )
016:          ③要素モデルの演算             protected override long Calculate( )
017:          ④計算結果の他の要素モデルへの公開   protected override long DataFusion( )
018:          ⑤入力データの接続チェック     protected override bool ReceiveConnectionCheck( )
019:          ⑥出力データの接続チェック     protected override bool SendConnectionCheck( )
020:      }
021:  }
```

図 7.4 演算モデルクラス LinearReservoirModel の構造

7.5.1 メンバ変数

演算クラス McForecastModelBase と McStateCalModelBase は McBasicCalculateModelBase クラスから派生して作られたクラスであり，それを継承して作成する要素モデルの演算クラスは以下のメンバ変数を持ちます。

① 入出力情報
- ほかの要素モデルから伝送されるセル型入力伝送情報：
  McReceiveCellDataIF m_InputCellData
- 入力端子の個数（入力となるデータセルを1つの単位とする入力データの接続数）：
  long m_lInputDataNum
- ほかの要素モデルに伝送するセル型出力伝送情報：
  McSendCellDataIF m_OutputCellData
- 出力端子の個数（出力となるデータセルを1つの単位とする出力データの接続数）：
  long m_lOutputDataNum

McReceiveCellDataIF および McSendCellDataIF はそれぞれセル型入力伝送情報，セル型出力伝送情報を格納するクラスです。

② 時間管理情報
- ■ 現在時刻　　　　　　　　：HySTime m_csSimTime
- ■ 目標時刻　　　　　　　　：HySTime m_csTgtTime
- ■ 1ステップの計算時間間隔：HySTime m_csDltTime
- ■ 計算開始時刻　　　　　　：HySTime m_csStartTime
- ■ 計算経過時間　　　　　　：HySTime m_csTotalPassingTime

HySTime は時間を管理するクラスです。

③ 演算データ
- ■ 要素モデルの状態量 ：McCalInfo m_csCalInfo

McCalInfo は 7.4 で説明した演算データクラスの基本クラスです。演算途中のモデル状態量はこのクラスを継承して作成した演算データクラスに格納します。

7.5.2　プロパティ情報設定メソッド SetProperty

プロパティ情報を設定する SetProperty メソッドでは，引数に与えられた情報から計算時間間隔やモデルの定数など演算に必要な情報を読み取って，モデル開発者が設定したメンバ変数に値を設定します。図 7.5 に線形貯水池モデルの SetProperty メソッドの実装例を示します。2 行目の引数 csCellMdlPropertyInfo は演算モデルファクトリクラスで実装されたプロパティ設定情報です。4 行目の m_csCalInfo は演算データ基本クラス McCalInfo で定義されたメンバ変数であり，それを線形貯水池モデルの演算クラスで宣言したメンバ変数（図 7.4 の 12 行目）にキャストしています。8 行目ではこのクラスのメンバ変数 m_csDltTime に演算の時間ステップを設定します。9, 10 行目で線形貯水池モデル演算データクラスで宣言したメンバ変数 m_dt, m_k にそれぞれ演算時間ステップとパラメータ k の値を設定しています。9 行目の GetStepTime, 10 行目の GetInfo はプロパティ設定情報から値を取得するメソッドです。詳しくは「要素モデル開発要求書」を参照してください。

```
001:  // プロパティ情報を設定する
002:  public override bool SetProperty(McCellModelPropertyIF csCellMdlPropertyInfo)
003:  {
004:      mInf = (LinearReservoirModelCalInfo) m_csCalInfo;
005:      McCellModelPropertyInfo csPrptyInfo = csCellMdlPropertyInfo as McCellModelPropertyInfo;
006:      if (csPrptyInfo != null)
007:      {
008:          this.m_csDltTime = new HySTime(csPrptyInfo.GetStepTime());
009:          mInf.m_dt = csPrptyInfo.GetStepTime();   // 演算時間ステップの設定
010:          csPrptyInfo.GetInfo("m_k", ref mInf.m_k);  // パラメータ k の設定
011:      }
012:      return true;
013:  }
```

図 7.5　SetProperty メソッドの実装例

7.5.3　モデル初期化メソッド Initialize

　初期情報を設定する Initialize メソッドでは，引数に与えられた情報からモデルの初期状態などの演算に必要な初期情報を読み取って，モデル開発者が設定したメンバ変数に初期値を設定します。図 7.6 に線形貯水池モデルの Initialize メソッドの実装例を示します。2 行目の第 1 引数 csInitialData は演算モデルファクトリクラスで実装されるモデル初期設定情報です。第 2 引数の lInputDataNum は入力端子の個数，第 3 引数の csInputCellData は入力情報が格納されたクラスです。8 行目では，線形貯水池モデル演算データクラスで宣言したメンバ変数 m_storage に初期の貯留量を設定しています。9 行目では，線形貯水池モデルの貯留量と流出量の関係式（7.2）に従って，初期の流出量 Q を S から求めています。

```
001: // モデルを初期化する
002: protected override bool Initialize(ref McPropertyInfoRoot csInitialData, long lInputDataNum,
003:     ref McReceiveCellDataIF[ ] csInputCellData)
004: {
005:     McInitialInfo csInDt = csInitialData as McInitialInfo;
006:     if (csInDt != null)
007:     {
008:         csInDt.GetInfo("m_storage", ref mInf.m_storage); // 初期の貯留量を設定する
009:         mInf.m_outflow = mInf.m_storage / mInf.m_k;
010:     }
011:     return true;
012: }
```

図 7.6　Initialize メソッドの実装例

7.5.4　モデル演算メソッド Calculate

　演算を記述する Calculate メソッドでは，1 計算ステップ分の計算手順を実装します。図 7.7 に線形貯水池モデルの Calculate メソッドの実装例を示します。計算に必要となる入力情報は

```
001: // 演算モデルの 1 ステップ分の計算手法を記述する
002: protected override long Calculate(long lInputDataNum, ref McReceiveCellDataIF[ ] csInputCellData)
003: {
004:     double inflow1 = 0.0;
005:     double inflow2 = 0.0;
006:     HySCellData csCell = null;
007:     // 入力データを設定する
008:     for (long lnum = 0; lnum < lInputDataNum; lnum++)
009:     {
010:         csInputCellData[lnum].SetCurrentTime(m_csSimTime);   // 現在時刻の流入量 inflow1 を取得
011:         csCell = csInputCellData[lnum].GetInterpolatedCell(0);
012:         inflow1 += csInputCellData[lnum].Data(csCell, 0);
013:         csInputCellData[lnum].SetCurrentTime(m_csSimTime + m_csDltTime); // dt先のの流入量 inflow2 を取得
014:         csCell = csInputCellData[lnum].GetInterpolatedCell(0);
015:         inflow2 += csInputCellData[lnum].Data(csCell, 0);
016:     }
017:     //1 差分ステップ分の計算を実施して状態量を更新する
018:     mInf.m_storage = (inflow1 + inflow2) / 2.0 + mInf.m_storage * (1.0 / mInf.m_dt - 1.0 / (2.0 * mInf.m_k));
019:     mInf.m_storage = mInf.m_storage / (1.0 / mInf.m_dt + 1.0 / (2.0 * mInf.m_k));
020:     mInf.m_outflow = mInf.m_storage / mInf.m_k;
021:     return 0;
022: }
```

図 7.7　Calculate メソッドの実装例

引数で与える csInputCellData に設定されており，そこから読み出して用います．未来計算型の場合は，1計算ステップ分の計算を実行するごとに要素モデル内の現在時刻 m_csSimTime は，1ステップの計算時間間隔 m_csDltTime だけ進みます．

8行目の lInputDataNum は入力端子の個数です．10行目で現在時刻の入力情報をセットし，11行目でその時刻の0番目のデータセルの情報を取得して，12行目でセルの0番目に設定されている上端からの流量を inflow1 に代入します．同様にして15行目で1計算ステップ先の時刻の上端からの流量を inflow2 に代入します．必要となる情報が変数に設定されましたので，18行目から20行目で1計算ステップ先の時刻の貯留量と河道区間下端からの流出量を計算します．計算方法は7.2の（7.4）（7.5）式のとおりです．

引数で与えられる入力データの情報は，図7.8に示すような構造をしています．図7.7の場合，10行目で現在時刻の入力情報をセットし，11行目で1次元配列のデータセルの0番目のセル情報を csCell にセットします．このとき，図7.8の3) ①のメソッドを用いています．次に，12行目でセルに格納された0番目のデータを inflow1 に代入します．このとき，図7.8の4) のメソッドを用いてセルに格納されたデータを取得しています．

```
a)  メソッド Calculate の引数
    protected override long Calculate(long lInputDataNum, ref McReceiveCellDataIF[] csInputCellData)
                            入力接続数              受信用 I/F クラス
b)  受信用 I/F クラス仕様
    1)  受信パターン修得：(接続線から受信する情報のパターンを取得する)
        HySID Get GetReceivePatternID( )
    2)  受信データ内のセル修得 (内挿処理済み)：伝送データから送られてきたセルを取得する (全セル修得)
        ①  HySCellData[ ] GetInterpolatedCellD1( )        1次元データの場合
        ②  HySCellData[ , ] GetInterpolatedCellD2( )      2次元データの場合
        ③  HySCellData[ , , ] GetInterpolatedCellD3( )    3次元データの場合
    3)  受信データ内のセル修得 (内挿処理済み)：伝送データから送られてきたセルを取得する (個別セル修得)
        ①  HySCellData GetInterpolatedCell(long lCellIdx1)                                   1次元データの場合
        ②  HySCellData GetInterpolatedCell(long lCellIdx1, long lCellIdx2)                   2次元データの場合
        ③  HySCellData GetInterpolatedCell(long lCellIdx1, long lCellIdx2, long lCellIdx3)   3次元データの場合
    4)  セル内情報取得：セルデータの必要情報を取得する
        double Data (HySCellData csCell, long lDataIdx)
```

図7.8　Calculateメソッドの引数で設定する受信用データの構造

7.5.5　計算情報の公開メソッド DataFusion

Calculate メソッドで1計算ステップ分の計算が終了すると，計算した結果を公開してほかの要素モデルがその計算データにアクセスできるようにします．それを実現するメソッドが DataFusion メソッドです．図7.9に線形貯水池モデルの DataFusion メソッドの実装例を示します．第1引数 lOutputDataNum が出力端子の個数，第2引数がデータセルの出力情報 csOutputCellData であり，計算結果を csOutputCellData に設定します．ここでは lOutputDataNum は1です．7行目でデータセルを1次元配列に設定して送信するための準備をします．8，9行目でセルの0番目と1番目に計算した流出量と貯留量の値をセットし，このセルを送信する1次元配列のデータセルの0番目に設定しています．

```
001:  //計算結果を外部の要素モデルに対して公開する
002:  protected override long DataFusion(long lOutputDataNum, ref McSendCellDataIF[ ] csOutputCellData)
003:  {
004:      HySCellData[ ] csSndCellData = null;
005:      for (long lnum = 0; lnum < lOutputDataNum; lnum++)
006:      {
007:          csSndCellData = csOutputCellData[lnum].PrepareSendCellD1();
008:          csSndCellData[0].m_dData[0] = mInf.m_outflow;
009:          csSndCellData[0].m_dData[1] = mInf.m_storage;
010:      }
011:      return 0;
012:  }
```

図 7.9　DataFusionメソッドの実装例

7.5.6　入力側の伝送情報のチェックメソッド ReceiveConnectionCheck

ReceiveConnectionCheck メソッドでほかの要素モデルから伝送されてくる入力データが，要素モデルが想定する型式であるか否かをチェックします。想定していない入力が接続されている場合には false を返すようにします。図 7.10 に線形貯水池モデルの ReceiveConnectionCheck メソッドの実装例を示します。第 1 引数 csErrorInf がエラー出力，第 2 引数 lInputDataNum が入力端子数，第 3 引数 csInputCellData が入力配列情報です。この要素モデルでは上流端から流入量データが得られることを前提としますので，5 行目で入力端子数が 0 であればエラーを返しています。また，14 ～ 20 行目で上流からの入力パターンが演算モデル定義クラスで定めた上流端での接続データパターンと異なる場合はエラーを返します。

```
001:  protected override bool ReceiveConnectionCheck(ref McStructErrorInfo csErrorInf, long lInputDataNum,
002:      McReceiveCellDataIF[ ] csInputCellData)
003:  {
004:      bool bRtn = true;
005:      if (lInputDataNum == 0)   // 入力が接続されていない場合はエラーを返す
006:      {
007:          csErrorInf.AddCheckErrorData(this.GetID(), LinearReservoirModelDefine.MODEL_KIND, "No receive data.");
008:          bRtn = false;
009:      }
010:      else if (lInputDataNum > 0)
011:      {
012:          for (long IP = 0; IP < lInputDataNum; IP++) // 入力側の接続数だけ繰り返す
013:          {
014:              if (csInputCellData[IP].GetReceivePatternID().Equals(LinearReservoirModelDefine.IN_PATTERN_TOP)
015:                  == false)   // 予期しない接続が行われている場合はエラーを設定する
016:              {
017:                  csErrorInf.AddCheckErrorData(this.GetID(), LinearReservoirModelDefine.MODEL_KIND,
018:                      "Unexpected receive data type. (Received from " + csInputCellData[IP].GetUpperElementID().ToString() + ")");
019:                  bRtn = false;
020:              }
021:          }
022:      }
023:      return bRtn;   // 予期しない接続が行われている場合はエラーを返す
024:  }
```

図 7.10　ReceiveConnectionCheckメソッドの実装例

7.5.7　出力側の伝送情報のチェックメソッド SendConnectionCheck

SendConnectionCheck メソッドでほかの要素モデルへ伝送する出力データが，要素モデルが想定する型式であるか否かをチェックします。想定していない出力が接続されている場合には false を返すようにします。図 7.11 に線形貯水池モデルの SendConnectionCheck メソッドの実装例を示します。第 1 引数 csErrorInf がエラー出力，第 2 引数 lOutputDataNum が入力端子数，第 3 引数 csOutputCellData が入力配列情報です。この要素モデルでは出力端子数が 0 でもエラーではありません。13 ～ 19 行目で下流への出力パターンが演算モデル定義クラスで定めた下流端での接続データパターンと異なる場合はエラーを返します。

```
001:    protected override bool SendConnectionCheck(ref McStructErrorInfo csErrorInf, long lOutputDataNum,
002:        McSendCellDataIF[ ] csOutputCellData)
003:    {
004:        bool bRtn = true;
005:        if (lOutputDataNum == 0) // 出力が接続されていない場合はエラーではない
006:        {
007:            csErrorInf.AddCheckWarningData(this.GetID(), LinearReservoirModelDefine.MODEL_KIND, "No send port.");;
008:        }
009:        else if (lOutputDataNum > 0)
010:        {
011:            for (long IP = 0; IP < lOutputDataNum; IP++) // 出力側の接続の数だけ繰り返す
012:            {
013:                if (csOutputCellData[IP].GetSendPatternID().Equals(LinearReservoirModelDefine.OUT_PATTERN_BOTTOM)
014:                    == false)   // 予期しない接続が行われている場合はエラーを設定する
015:                {
016:                    csErrorInf.AddCheckErrorData(this.GetID(), LinearReservoirModelDefine.MODEL_KIND,
017:                        "Unexpected send data type. (Send To " + csOutputCellData[IP].GetLowerElementID().ToString() + ")");
018:                    bRtn = false;
019:                }
020:            }
021:        }
022:        return bRtn; // 予期しない接続が行われている場合はエラーを返す
023:    }
```

図 7.11　SendConnectionCheckメソッドの実装例

7.6　演算モデルファクトリクラスの実装

演算モデルファクトリクラスは，CommonMP の「ライブラリ管理」画面で要素モデルを選択したときに，それが利用できるように対象となる要素モデルの演算データクラスや演算モデルクラスのインスタンスを生成する役割を持ちます。図 7.12 に線形貯水池モデルの演算モデルファクトリクラス LinearReservoirModelFactory の構造を示します。11 行目がファクトリクラスの宣言であり，演算モデル基本ファクトリクラス McBasicModelFactoryBase を継承して作成します。14 行目はコンストラクタの宣言であり，18 行目以降は実装すべきメソッドです。継承元の McBasicModelFactoryBase クラスで定義されたメソッドをオーバーライドして固有の機能を実装します。メンバ変数はありません。以下，メソッドの実装例を順に示します。

```
001: using CommonMP.HYMCO.CoreImpl;
002: using CommonMP.HYMCO.CoreImpl.HSData;
003: using CommonMP.HYMCO.Interface;
004: using CommonMP.HYMCO.Interface.Model;
005: using CommonMP.HYMCO.Interface.Data;
006: using CommonMP.HYSSOP.CoreImpl.Data;
007:
008: namespace CommonMPIntroduction
009: {
010:     // ファクトリクラスの定義
011:     public class LinearReservoirModelFactory : McBasicModelFactoryBase
012:     {
013:         // デフォルトコンストラクタを定義する
014:         public LinearReservoirModelFactory()
015:         {
016:         }
017:         // メソッドの実装
018:         ①ファクトリ識別子の生成        public override HySID CreateFactoryID( )
019:         ②演算データクラスの生成        public override McCalInfo CreateCalInfo( )
020:         ③演算モデルクラスの生成        public override McCalModel CreateCalModel( )
021:         ④演算モデルプロパティ情報の生成    public override McCellModelPropertyIF CreateModelProperty( )
022:         ⑤演算モデル初期化情報の生成      public override McPropertyInfoRoot CreateModelInitialInfo( )
023:         ⑥要素モデル情報の設定         public override HySDataLinkedList GetCalModelInfoList( )
024:     }
025: }
```

図 7.12　演算モデルファクトリクラスLinearReservoirModelFactoryの構造

7.6.1　ファクトリ識別子の生成メソッド CreateFactoryID

モデルファクトリを識別する識別子を生成します。図 7.13 に線形貯水池モデルでの実装例を示します。演算モデル定義クラスで設定したファクトリ識別子を返します。

```
001: public override HySID CreateFactoryID( )
002: {
003:     return LinearReservoirModelDefine.MODEL_LIB;
004: }
```

図 7.13　ファクトリ識別子の生成メソッドCreateFactoryIDの実装例

7.6.2　演算データクラスのインスタンス生成メソッド CreateCalInfo

引数で与えた演算モデル種別識別子に対応する演算データクラスのインスタンスを生成します。図 7.14 に線形貯水池モデルでの実装例を示します。ここで生成されたインスタンスを用いて，要素モデルの状態量が保存されます。6 行目は線形貯水池モデルの演算データクラスとして定義した LinearReservoirModelCalInfo のインスタンスを生成しています。

第7章　要素モデルのソースプログラムの実際

```
001:   public override McCalInfo CreateCalInfo(HySObjectKind csModelKind)
002:   {
003:       McCalInfo csCalInfoData = null;
004:       if (csModelKind == LinearReservoirModelDefine.MODEL_KIND)
005:       {
006:           csCalInfoData = new LinearReservoirModelCalInfo( );
007:       }
008:       else
009:       {
010:       }
011:       return csCalInfoData;
012:   }
```

図 7.14　演算データクラスのインスタンス生成メソッドCreateCalInfoの実装例

7.6.3　演算モデルクラスのインスタンス生成メソッド CreateCalModel

引数で与えた演算モデル種別識別子に対応する演算モデルクラスのインスタンスを生成します。図 7.15 に線形貯水池モデルでの実装例を示します。ここで生成されたインスタンスを用いて，要素モデルの計算を実施します。6 行目は線形貯水池モデルの演算モデルクラスとして定義した LinearReservoirModel のインスタンスを生成しています。

```
001:   public override McCalModel CreateCalModel(HySObjectKind csModelKind)
002:   {
003:       McCalInfo csCalInfoData = null;
004:       if (csModelKind == LinearReservoirModelDefine.MODEL_KIND)
005:       {
006:           csCalModel = new LinearReservoirModel();
007:       }
008:       else
009:       {
010:       }
011:       return csCalModel;
012:   }
```

図 7.15　演算モデルクラスのインスタンス生成メソッドCreateCalModelの実装例

7.6.4　演算モデルプロパティ情報のインスタンス生成メソッド CreateModelProperty

引数で与えたファクトリ識別子と演算モデル種別識別子に対応するモデルプロパティの情報を格納するインスタンスを生成します。図 7.16 に線形貯水池モデルでの実装例を示します。10 ～ 13 行目に線形貯水池モデルのプロパティ設定画面で現れるデフォルトのタイムステップとパラメータ k の説明，k のデフォルト値を設定しています。

15 ～ 26 行目は要素モデルの上流端に接続するデータセルの受信情報を設定します。上端から受信するセルは 1 つの要素からなり，上流端からの流入量が格納されています。19 ～ 22 行目はその設定をしています。

```
001:  public override McCellModelPropertyIF CreateModelProperty(HySID csLibraryID, HySObjectKind csModelKind)
002:  {
003:    if (this.EqualFactory(csLibraryID) == false)
004:    {
005:      return null;
006:    }
007:    McCellModelPropertyInfo csRtnCellPrptyDt = null;
008:    if (csModelKind == LinearReservoirModelDefine.MODEL_KIND)
009:    {
010:      csRtnCellPrptyDt = new McCellModelPropertyInfo(csLibraryID, csModelKind);
011:      csRtnCellPrptyDt.SetStepTime(60);
012:      csRtnCellPrptyDt.AddInfoType("m_k", "S = kQ の係数 k [sec], ", McDefine.ValKind.DOUBLE);
013:      csRtnCellPrptyDt.SetInfo("m_k", 3600.0);
014:      // 受信パターンの設定
015:      McTranInfoPattern csTrnPtn = csRtnCellPrptyDt.CreateTranInforPattern(
016:        LinearReservoirModelDefine.IN_PATTERN_TOP, McTranInfoDefine.SINGLE_CELL_SERIAL,
017:        "上流端流入") as McTranInfoPattern;
018:      {
019:        HySDataCharacteristicInCell csCellChara = csTrnPtn.CreateCellDataCharacteristic(1);
020:        {
021:          csCellChara.SetDataKind(0, "流量", HySDataKindDefine.QUANTITY_OF_WATER_FLOW, "m3/sec");
022:        }
023:        csTrnPtn.SetCellDataCharacteristic(csCellChara);
024:        csTrnPtn.SetInterpolateType(HySDefine.InterpolateType.LINEAR);
025:      }
026:      csRtnCellPrptyDt.AddReceivePattern(csTrnPtn);
027:      // 送信パターンの設定
028:      csTrnPtn = csRtnCellPrptyDt.CreateTranInforPattern(
029:        LinearReservoirModelDefine.OUT_PATTERN_BOTTOM, McTranInfoDefine.SINGLE_CELL_SERIAL,
030:        "下流端出力") as McTranInfoPattern;
031:      {
032:        HySDataCharacteristicInCell csCellChara = csTrnPtn.CreateCellDataCharacteristic(2);
033:        {
034:          csCellChara.SetDataKind(0, "流量", HySDataKindDefine.QUANTITY_OF_WATER_FLOW, "m3/sec");
035:          csCellChara.SetDataKind(1, "貯留量", HySDataKindDefine.WATER_VOLUME, "m3");
036:        }
037:        csTrnPtn.SetCellDataCharacteristic(csCellChara);
038:      }
039:      csRtnCellPrptyDt.AddSendPattern(csTrnPtn);
040:    }
041:    else
042:    {
043:    }
044:    return csRtnCellPrptyDt;
045:  }
```

図 7.16　演算モデルプロパティ情報のインスタンス生成メソッドCreateModelPropertyの実装例

　28〜39行目は要素モデルの下流端に接続するデータセルの送信情報を設定します。下端から送信するセルは2つの要素からなり，0番目に流出量，1番目に貯留量が格納されています。32〜36行目はその設定をしています。34，35行目のcsCellChara.SetDataKind（,,,）の1番目の引数に設定する添え字が，図7.9のDataFusion（）の8，9行目の
　csSndCellData[0].m_dData[0] = mInf.m_outflow;
　csSndCellData[0].m_dData[1] = mInf.m_storage;
のm_dData[ ]の添え字に対応しています。csSndCellData[0]の添え字0は，ポイント時系列情報を用いているので，一次元配列のデータセルの先頭のみを用いているため，0となります。

ポイント時系列情報を用いて線形貯水池モデルとほかの要素モデルとを接続すると，15〜26 行目に記述した受信情報のパターン画面は，要素接続モデルのパラメータ設定の結線情報に図 7.17 左図の枠内のように現れます。28〜39 行目に記述した送信情報のパターン画面は，同様に図 7.17 右図の枠内のように現れます。

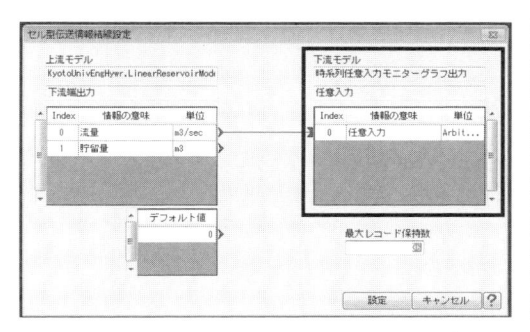

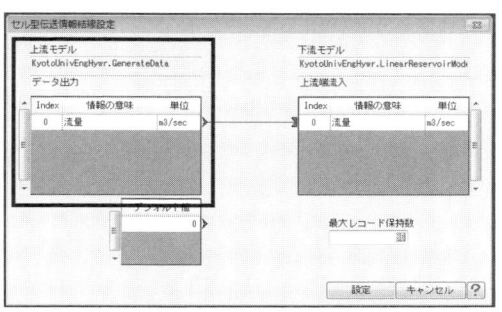

図 7.17　要素接続モデルの結線情報に現れるプロパティ情報

7.6.5　演算モデル初期情報のインスタンス生成メソッド CreateModelInitial Info

引数で与えたファクトリ識別子と演算モデル種別識別子に対応する初期情報を格納するインスタンスを生成します。図 7.18 に線形貯水池モデルでの実装例を示します。11，12 行目に線形貯水池モデルの「初期情報設定」画面で現れる初期貯留量の説明とそのデフォルト値を設定しています。

```
001:  public override McPropertyInfoRoot CreateModelInitialInfo(HySID csLibraryID, HySObjectKind csModelKind)
002:  {
003:      if (this.EqualFactory(csLibraryID) == false)
004:      {
005:          return null;
006:      }
007:      McInitialInfo csRtnDt = null;
008:      if (csModelKind == LinearReservoirModelDefine.MODEL_KIND)
009:      {
010:          csRtnDt = new McInitialInfo(csLibraryID, csModelKind);
011:          csRtnDt.AddInfoType("m_storage", "初期貯留量(m3)", McDefine.ValKind.DOUBLE);
012:          csRtnDt.SetInfo("m_storage", 10.0);
013:      }
014:      else
015:      {
016:      }
017:      return csRtnDt;
018:  }
```

図 7.18　演算モデル初期情報のインスタンス生成メソッド CreateModelInitialInfo の実装例

7.6.6 要素モデル情報の設定メソッド GetCalModelInfoList

　要素モデルの情報を所定の形式で生成します。ここで設定する情報が，要素モデルを選択したときに「ライブラリ管理」画面の下の演算モデル情報の欄に表示されます。図7.19に線形貯水池モデルでの実装例を示します。また図7.20に要素モデル情報の表示例を示します。これらを比較すれば，ソースプログラムのどこで設定した項目が表示画面のどこに表示されるかがわかると思います。なお，13行目にはこの要素モデルの解説書を置いたパス名をCommonMPExecute¥ModelManualからの相対パスで指定しています。デフォルトではモデル解説書はCommonMPExecute¥ModelManualの下に置くことになっていますので，そこからの相対パスでインストールしたフォルダ内の解説書の位置を設定しています。

```
001: public override HySDataLinkedList GetCalModelInfoList()
002: {
003:     McModelInfo csModelInfo=null;
004:     csModelInfo = new McModelInfo((HySID)this.GetFactoryID(),
005:             MclModelLibraryDefine.DIVISION_CALCULATION_MODEL,   // 演算要素への登録
006:             MclModelLibraryDefine.MODEL_CLASSIFICATION_CAL_RIVER, // 河川要素モデルへの登録
007:             LinearReservoirModelDefine.MODEL_KIND,   // モデル種別の登録
008:             LinearReservoirModelDefine.MODEL_NAME);  // モデル名称の登録
009:     csModelInfo.SetVersionInf("Ver1.3 Nov. 20, 2010");
010:     csModelInfo.SetSummaryInf("線形貯水池モデル");
011:     csModelInfo.SetCreatorInf("CommonMP 入門：執筆者");
012:     csModelInfo.SetIconName("Lane");
013:     csModelInfo.SetManualFileName("..¥¥..¥¥Source¥¥HYMCO¥¥OptionImpl
             ¥¥CommonMPIntroductionLinearReservoirModel¥¥ModelManual
             ¥¥LinearReservoirModel.pdf ");
014:     m_csCalModelInforList.AddLast(csModelInfo);
015:     return m_csCalModelInforList;
```

図7.19　要素モデル情報の設定メソッドGetCalModelInfoListの実装例

7.7　まとめ

　本章ではCommonMPにおける要素モデルのソースプログラムの具体例を説明しました。CommonMPには要素モデルの開発のために，以下のドキュメントがpdfファイルで付属しています。これらも参照してください。
（1）モデル開発チュートリアル.pdf：要素モデルを開発するための詳しい解説があります。
（2）要素モデル開発要求書.pdf：要素モデルの開発に必要となる開発者用の詳しい解説があります。

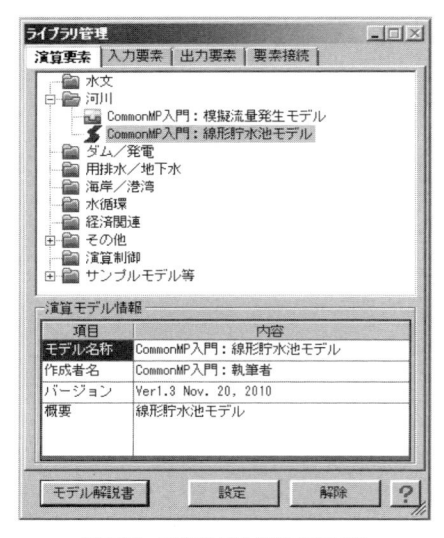

図7.20　要素モデル情報の表示例

第8章　ビルドとデバッグの方法

「ビルド（コンパイル）」とは，ソースプログラムを機械語に翻訳して，実行形式の EXE ファイルや DLL ファイルを作成することをいいます。また「デバッグ」とはプログラムの誤りを修正して正しく動作するプログラムを構築する作業を意味します。本章で線形貯水池モデルをビルドし，デバッグする方法を説明します。

8.1　ビルドの方法

8.1.1　ビルドの準備

CommonMP には開発環境のソリューションファイルが準備されてい

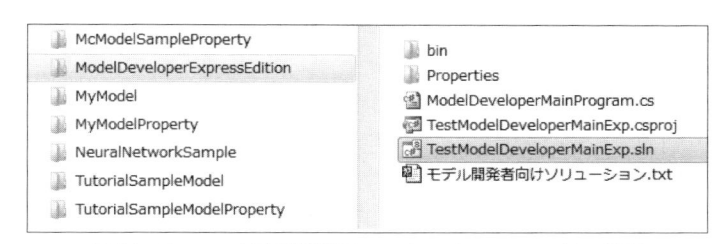

図 8.1　CommonMP開発環境用のソリューションファイルの選択

ます。まず，デフォルトで準備されているソリューションファイルを用いて Microsoft Visual Studio を立ち上げます。ソリューションファイルは CommonMP¥Source¥HYMCO¥OptionImpl¥ModelDeveloperExpressEdition の下にある TestModelDeveloperMainExp.sln です（図 8.1）。これをクリックして Visual Studio を立ち上げてください。Visual C# 2008 Express Edition または Visual Studio 2008 を用いる場合，はじめて TestModelDeveloperMainExp.sln をクリックすると Visual Studio 変換ウィザードが立ち上がります。メッセージに従って変換を実施してください。

次にこのソリューションファイルに CommonMPIntroductionLinearReservoirModel のプロジェクトを追加します。図 8.2 のように Visual Studio の右のソリューションエクスプローラ

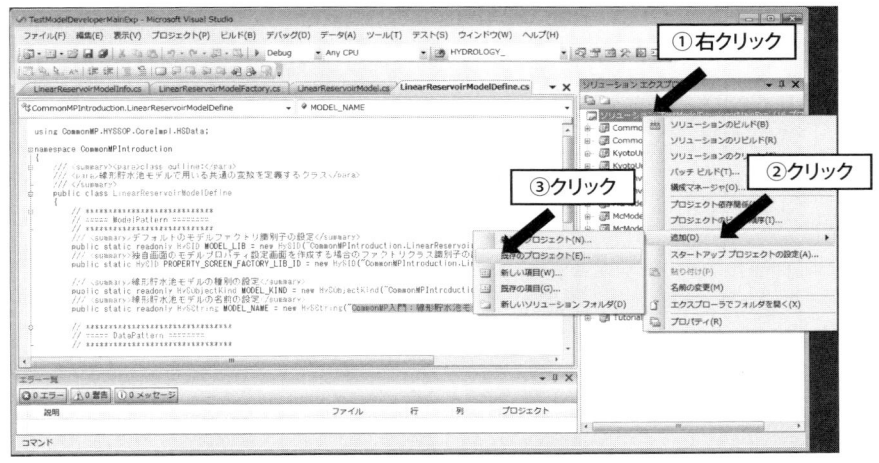

図 8.2　既存のプロジェクトの登録画面への移動操作

の中の一番上の［ソリューション'TestModelDeveloperMainExp'］を右クリックして［追加］を選択し，［既存のプロジェクト］をクリックしてください。すると既存プロジェクトファイル名を入力する画面（図8.3）が現れますので，その画面でCommonMPIntroductionLinearReservoirModel.csprojを選択してください。これでプロジェクトの登録が完了し，ビルドする準備が整いました。

図8.3　既存のプロジェクトの設定

8.1.2　ビルドの種類

Visual Studioにはビルドの方法が2種類用意されています。1つはデバッグ（Debug）モードであり，もう1つがリリース（Release）モードです。デバッグモードは，開発中のプログラム実行時のエラーの発生した場所（ファイル名や行番号）などのデバック情報を得ることができます。プログラムの開発中にはこのモードを使用します。

リリースモードは，ビルド後に作成される実行形式ファイルの実行時にデバッグ情報が含まれませんが，完成したプログラムの実行速度が速くなるとともに，ファイル容量も小さくなるという特徴があります。リリースモードは，プログラムの開発が完了し，製品としてリリースするときに用います。ビルドの方法は，Visual Studioのタスクバーから選択することができます（図8.4）。ここでは，要素モデルは開発中なので，デバッグモードを選択します。

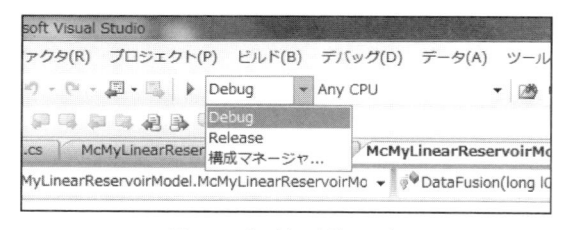

図8.4　ビルドの方法の選択

8.1.3　ビルドの方法

ビルドを行うには，ビルドメニューから［ソリューションのビルド］を選択するか，F6キーを押します。ビルドを実行し，エラーが発生しなかった場合は，Visual Studioのウィンドウの左下の部分に「ビルド正常終了」と表示されます（図8.5）。

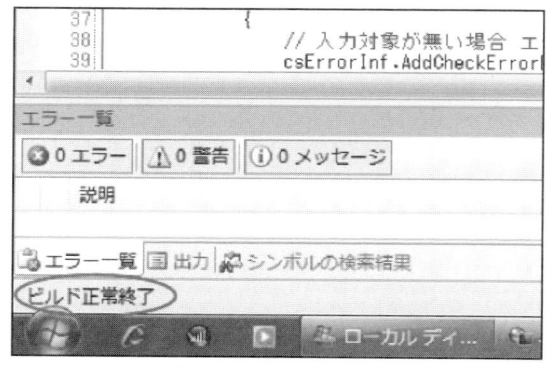

図8.5　ビルドの成功

8.1.4 実行形式ファイルの確認

ビルドを実行して正常終了すると，実行形式ファイルが作成されます。どのような実行形式ファイルが作成されるかは，それぞれ要素モデルのプロジェクトのプロパティ情報を見ることによって確認できます。ソリューションエクスプローラで，CommonMPIntroductionLinearReservoirModel を右クリックし，［プロパティ］を選択します（図 8.6）。

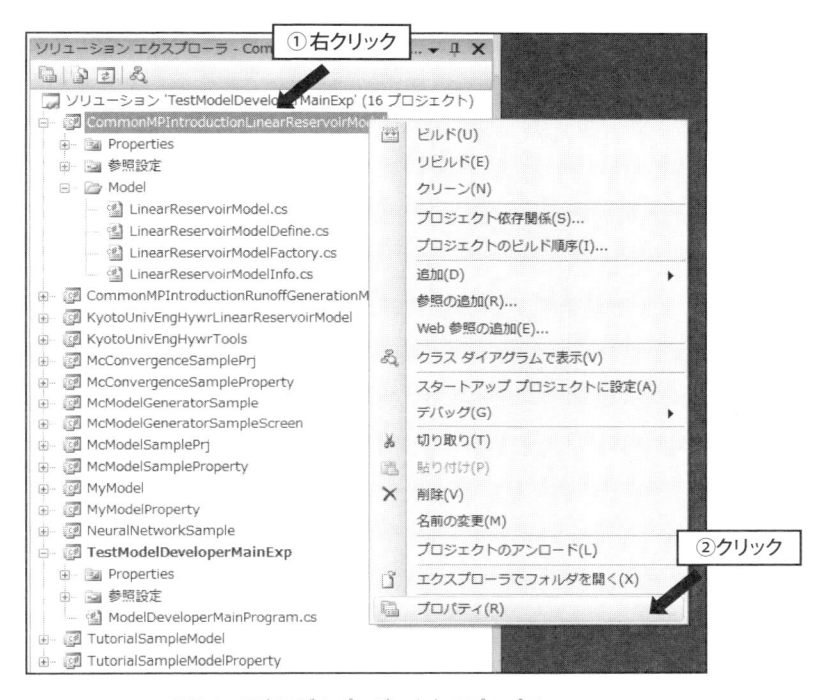

図 8.6　要素モデルプロジェクトのプロパティ

アプリケーションの設定において，アセンブリ名と出力の種類を確認します。CommonMPIntroductionLinearReservoirModel という文字列が確認できますが，これに拡張子を加えたものが実行形式のファイル名となります。出力の種類がクラスライブラリなので，拡張子は dll となります。今回の場合，実行形式ファイルのファイル名は，CommonMPIntroductionLinearReservoirModel.dll となります（図 8.7）。

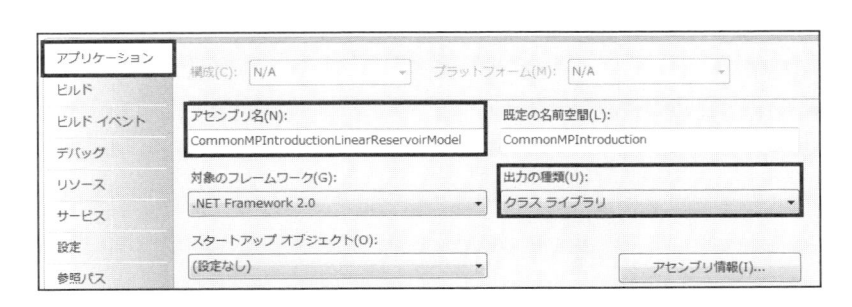

図 8.7　実行形式ファイル名の確認

実行形式ファイルは,プロジェクトディレクトリの直下にある bin¥Debug または bin¥Release ディレクトリに作成されます。デバッグモードのときは,in¥Debug に生成され,リリースモードのときは,bin¥Release に作成されます。ファイルエクスプローラで in¥Debug ディレクトリの実行形式ファイル CommonMPIntroductionLinearReservoirModel.dll を確認します（図 8.8）。

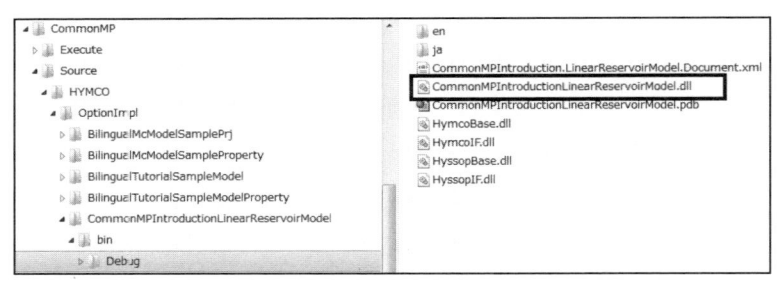

図 8.8　実行形式ファイルの確認

8.1.5　開発中の要素モデルの動作確認

　実行形式ファイルが作成されたら,CommonMP にインストールして,動作を確認します。bin¥Debug フォルダにある CommonMPIntroductionLinearReservoirModel.dll を CommonMP¥Execute¥bin フォルダにコピーします（図 8.9）。

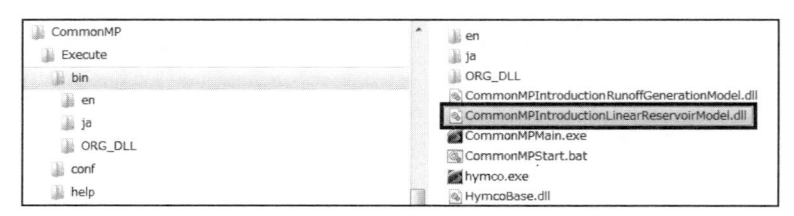

図 8.9　DLL のコピー

　CommonMP を起動すると,ライブラリ管理画面の演算要素の河川カテゴリーに CommonMPIntroductionLinearReservoirModel.dll の名称である［CommonMP 入門：線形貯水池モデル］があることを確認してください（図 8.10）。

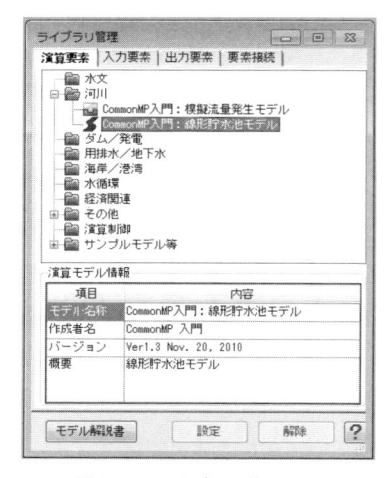

図 8.10　ライブラリ管理画面

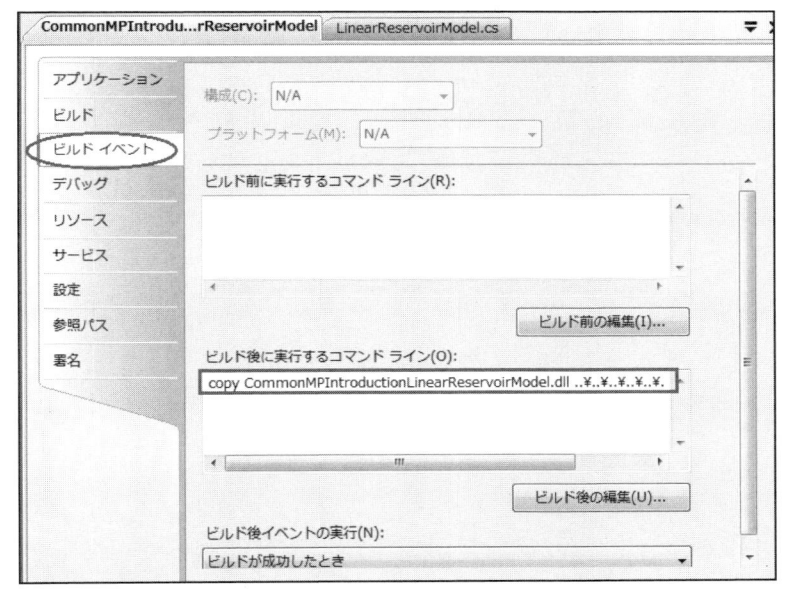

8.1.6　ビルドイベントの設定

　ビルドイベントの設定を行うと，CommonMP の実行ファイルを置く Execute¥bin ディレクトリに開発中の要素モデルの DLL ファイルを自動的にコピーできるようになります。ソリューションエクスプローラで CommonMPIntroductionLinearReservoirModel を右クリックし，［プロパティ］を選択します。ビルドイベントの設定において，ビルド後に実行するコマンドラインに

　copy CommonMPIntroductionLinearReservoirModel.dll ..¥..¥..¥..¥..¥..¥Execute¥bin

を入力します（図 8.11）。このように設定すると，ビルドされるたびに作成された DLL が CommonMP の実行部 Execute¥bin にコピーされます。

図 8.11　ビルドイベントの設定

8.2　デバッグの方法

　CommonMP の要素モデルのデバッグの方法は，2 種類あります。1 つは Visual Studio のデバッガを利用する方法で，もう 1 つはログ出力を利用する方法です。Visual Studio のデバッガを利用する方法は，Visual Studio を用いたプログラム開発における一般的なデバッグ方法です。ログ出力を利用する方法は，CommonMP の要素モデル特有の方法です。この方法を用いると，CommonMP のログ出力画面またはログ出力のテキストファイルから出力結果を確認することができます。

8.2.1　デバッグ環境の設定

　Visual Studio のデバッガを利用する方法，ログ出力を利用する方法のいずれにおいても，Visual Studio 上で開発中の要素モデルを稼働させることのできる環境を設定する必要があります。ソリューション・エクスプローラ上の TestModelDeveloperMainExp プロジェクトまたは TestModelDevelperMainStd プロジェクトの「参照設定」を右クリックして，「参照の追加」を選択します（図 8.12）。

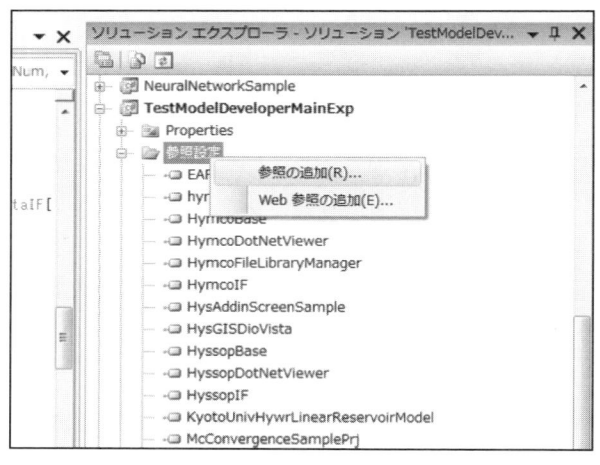

図 8.12　参照の追加

　「参照の追加」ウィンドウにおいて，［プロジェクト］タブを選択して，CommonMPIntroductionLinearReservoirModel を選択して［OK］ボタンをクリックします（図 8.13）。

図 8.13　［参照の追加］ダイアログ

　この設定により，デバッグを開始すると CommonMP が起動します。「ライブラリ管理」画面の演算要素の河川カテゴリーに CommonMPIntroductionLinearReservoirModel が確認できます。これで Visual Studio 上で CommonMP の要素モデルを稼働させることができます。

8.2.2　Visual Studio のデバッガを利用したデバッグ

　Visual Studio のデバッガを使って，シミュレーションの演算中における要素モデルの変数をモニターしてみます。演算モデルクラス CommonMPIntroductionLinearReservoirModel の Calculate メソッドは 1 演算時間間隔ごとに演算を行うために呼び出されるので，このメソッドが呼び出されたときに，演算中の変数の値が確認できるようにします。演算中のプログラムの変数を確認するには，一時的にプログラムを止める必要があるので，Calculate メソッドの中にブレークポイントを設定します。ソースコード LinearReservoirModel.cs の 159 行目の Calculate メソッドの最初の部分の行を右クリックして，［ブレークポイント］－［ブレークポイントの挿入］を選択します（図 8.14）。

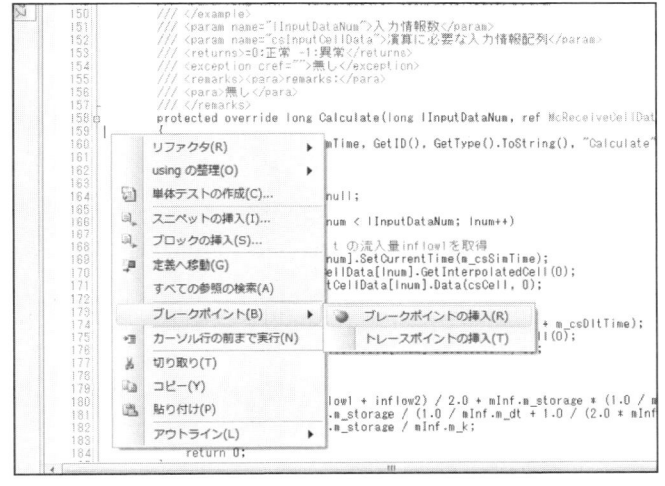

図 8.14　ブレークポイントの挿入

　ブレークポイントが挿入されると，行番号の部分に赤い丸印がつきます（図 8.15）。プログラムの処理がこの部分にくると，プログラムが一時的に停止します。

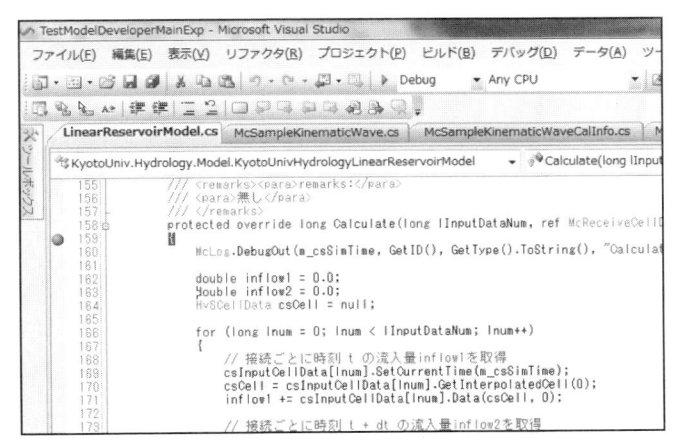

図 8.15　ブレークポイント

デバッグを開始し，CommonMPを起動させて，開発中の要素モデル線形貯水池モデルCommonMPIntroductionLinearReservoirModelを用いてモデルを構築します。ここでは，テスト用流量発生モデルと組み合わせたシミュレーションプロジェクトを作成します（図8.16）。

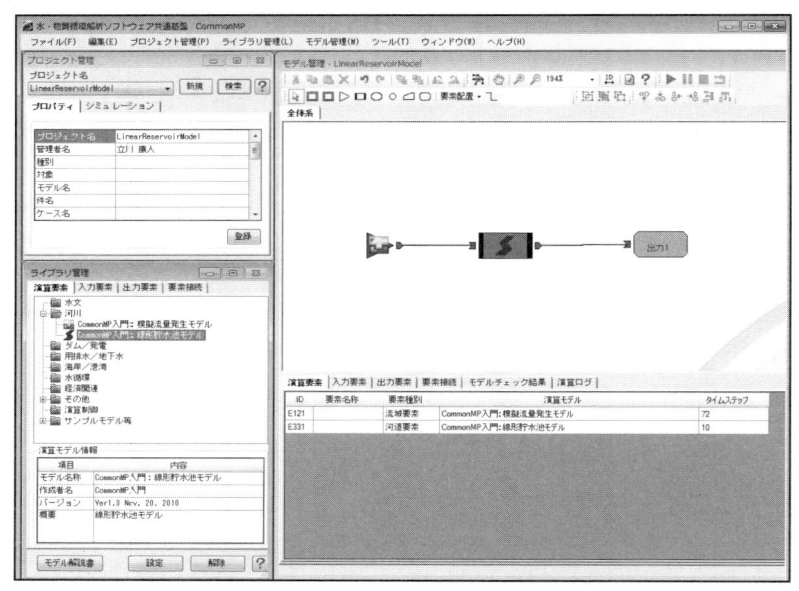

図 8.16 デバッグ用のシミュレーションプロジェクトの作成

CommonMP上でシミュレーションを開始すると，Calculateメソッドが呼び出されたところでシミュレーションは停止し，デバッガの画面に切り替わります。デバッガ上では，ソースコードLinearReservoirModel.csの159行目のブレークポイントを設定した部分に黄色いカーソルが置かれ，この位置でプログラムが停止していることが確認できます（図8.17）。デバッグメニューのステップインを選択または F11 キーを使うと，1行ずつプログラムの処理を進めることができます。

図 8.17 プログラムの停止箇所の確認

デバッガの左下に変数のモニター用のウィンドウがあります。デバックメニューにおいて，[ウィンドウ]−[ローカル]を選択すると，モニターしている変数と格納されている値が表示されます。この値は，プログラムの処理が進むにつれて変化します（図8.18）。[ウォッチ]を選択すると，任意の変数や式を入れて，その値をモニタリングすることができます。デバッグを止めるには，デバッグメニューの［デバッグの停止］を選択します。

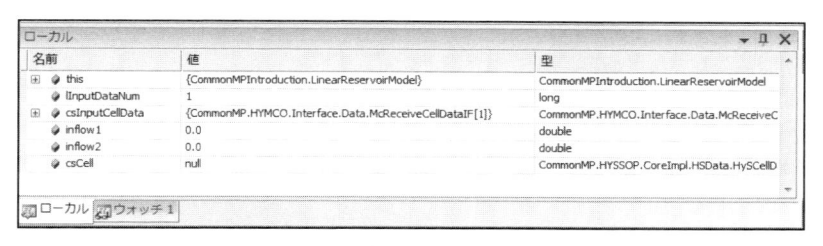

図8.18　変数のモニタリング

8.2.3 ログ出力を利用したデバッグ

ログ出力を利用したデバッグでは環境設定が必要になります。CommonMPのインストール・ディレクトリ内にある設定ファイルを編集して，ログ出力を行うクラスの名称を入力します。また，このとき，環境設定ファイル CommonMP¥Execute¥conf¥CommonMP.cfg のログ出力レベルを DEBUG に変更しておきます。

図8.19　すべてのファイルを表示

次に，ソリューションエクスプローラで TestModelDeveloperMainExp または TestModelDeveloperMainStd をクリックして選択し，ソリューションエクスプローラのウィンドウの上部の［すべてのファイルを表示］アイコンをクリックします（図8.19）。

TestModelDeveloperMainExp または TestModelDeveloperMainStd の下にある bin¥conf の HymcoModelDebug.cfg というファイルを開きます（図8.20）。開発中の要素モデルの演算クラスの名称である CommonMPIntroduction LinearReservoirModel を記入するとともに，ほかの要素モデルのログが出力されないように，行の先頭に「#」を入力し，コメントアウトします。入力が完了したら，ファイルを保存します。

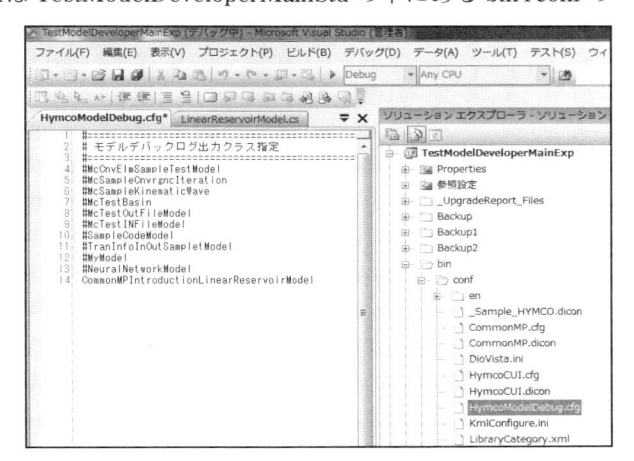

図8.20　HymcoModelDebug.cfgの編集

演算クラスのソースプログラムの中に，ログ出力するためのコードを入力します。Calculate メソッドにシミュレーション実行中に 1 計算時間間隔の中で必ず 1 度実行されるので，そこにログ出力用のコードを入力することにします。ソースプログラム LinearReservoirModel.cs の 183 行目（return 0; の前の行）の Calculate メソッドの中に

McLog.DebugOut（this.m_csSimTime, GetID（），
　　　"CommonMPIntroductionLinearReservoirModel",
　　　"Calculate", "storage=" + mInf.m_storage.ToString（））；

を入力します。DebugOut メソッドの第 3 引数にはクラス名，第 4 引数に出力を行うメソッド名を入力し，第 5 引数にデバッグ情報を文字列として与えます。ここでは，変数 mInf.m_storage というオブジェクト（中身は double 型の変数）を文字列に変換して引数として与えています。

入力が終わったら，ビルドを行ってから，デバッグを開始します。デバッガ上で CommonMP が起動するので，線形貯水池モデル（CommonMPIntroductionLinearReservoirModel）を用いたシミュレーションプロジェクトを作成します。シミュレーションを開始すると，全体系のウィンドウ下部に演算ログが出力されます（図 8.21）。

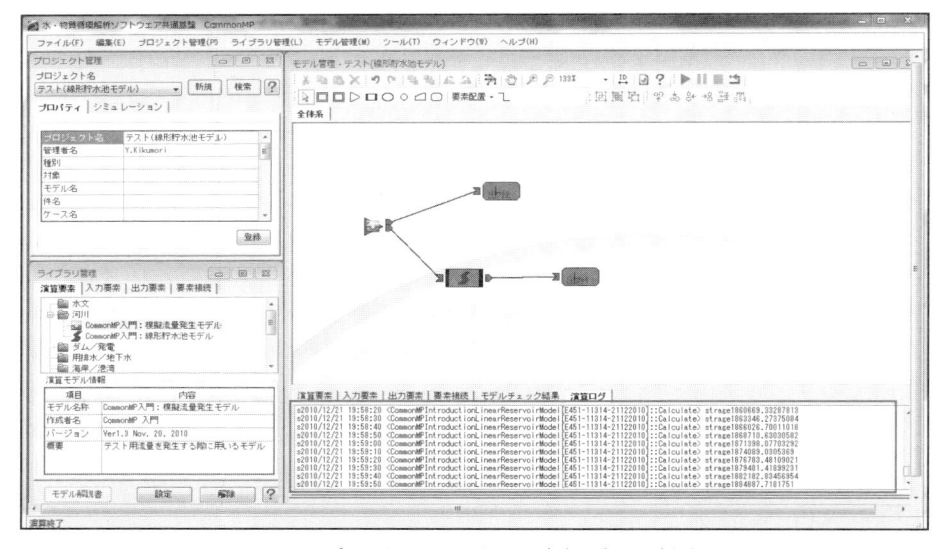

図 8.21　プラットフォーム上でのデバッグ・ログ出力

また，TestModelDeveloperMainExp プロジェクトの下の bin¥log ディレクトリの中の ModelDebugLog.txt というテキストファイルにも同じ内容のログが出力されます（図 8.22）。

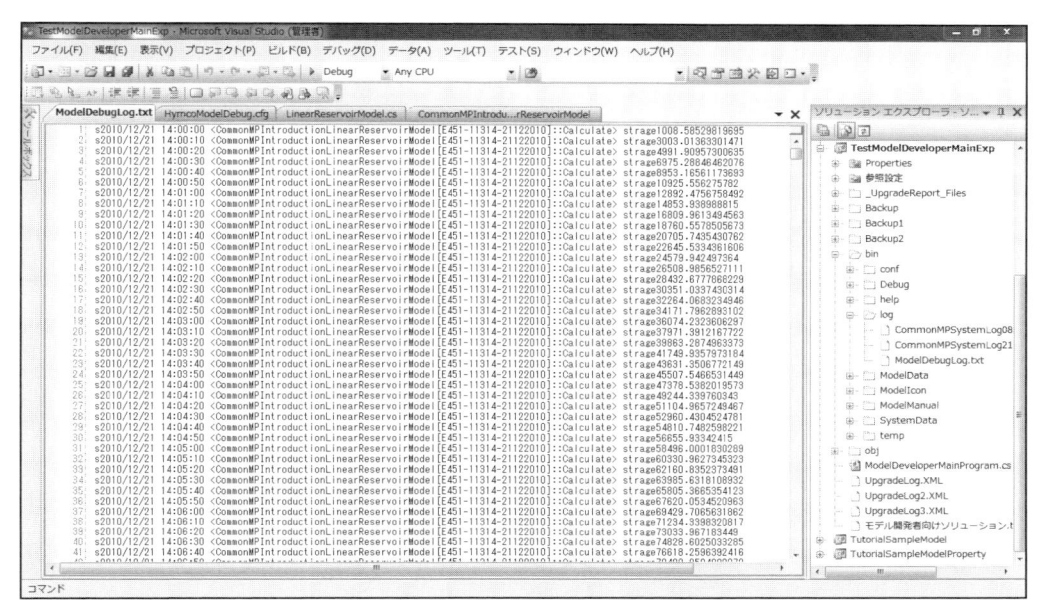

図 8.22　テキストファイルへのログ出力

要素モデルのリリースするときは，ログ出力ためのプログラムコードは，プログラムの処理速度を低下させる原因になるおそれがあるため，コメントアウトしたほうがいいでしょう。

8.3　まとめ

本章では要素モデルのビルドとデバッグの方法を具体例を用いて説明しました。CommonMP には要素モデルの開発のために，以下のドキュメントが pdf ファイルで付属しています。これらも参照してください。
(1) モデル開発チュートリアル .pdf：ビルドの実行やデバッグの説明があります。
(2) デバッグ機能手順説明書 .pdf：デバッグの詳しい解説があります。

第9章　開発環境ツールを用いた要素モデルの開発

　第7章で示したソースプログラムを作成する方法として，サンプルプログラムを参考にしながらそれを修正して作成する方法と，CommonMPが用意するプログラミング開発環境ツールを用いて作成する方法があります。プログラミング開発環境ツールを用いると，ウィザードに従って要素モデルのソースプログラムの定型部分を記述したソースプログラムのひな形を作ることができます。このソースプログラムのいくつかのメソッドを実装すればソースプログラムが完成します。要素モデルを作成する過程で Visual Studio でデバッグすることができますので，効率的なプログラミングが可能となっています。

　開発環境ツールはCommonMPのダウンロードサイトから入手することができます。本章では，プログラミング開発環境ツールを用いて線形貯水池モデルを作成する方法を示します。

9.1　CommonMP のプログラミング開発環境のインストール

　CommonMP のダウンロードサイト

　　　　　http://framework.nilim.go.jp/commonmp/index.html

からCommonMPプログラミング開発環境をダウンロードしてインストールしてください。インストールの方法は，ダウンロードしたファイルの中のインストール手順書を参照してください。プログラミング環境が対応しているCommonMPはVer. 1.0.2です。

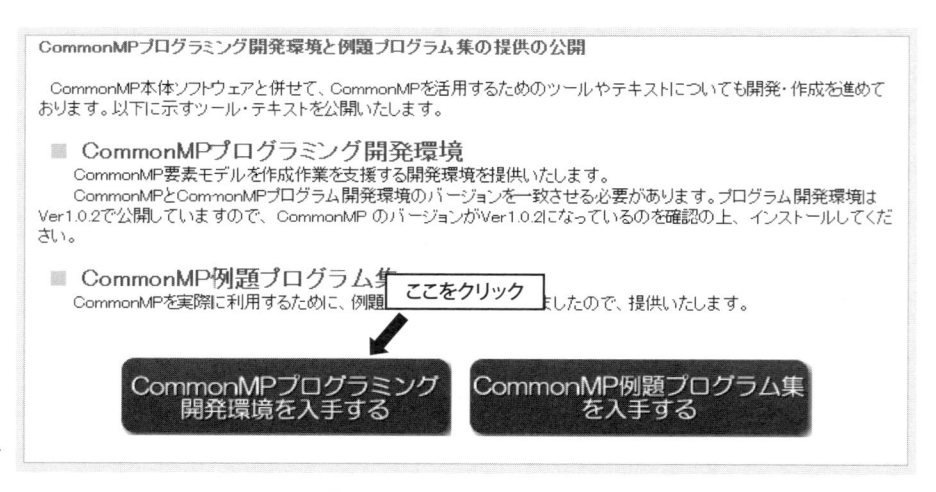

図 9.1　インストールの説明画面

9.2 要素モデルのクラスのひな形の作成

9.2.1 プロジェクトの作成

開発環境をインストールすると Source¥OptionImpl¥ModelDeveloperStandardEdition フォルダが作成されます。Visual Studio を用いて，この中にある TestModelDeveloperMainStd.sln を開いてください。次に Visual Studio のソリューションエクスプローラの中にある TestModelDeveloperMainStd を右クリックして，［追加］-［新しいプロジェクト］を選びます。

「新しいプロジェクトの追加」ウィンドウが現れます。プログラミング開発環境ツールがインストールされている場合，プロジェクトの種類で VisualC# を選択すると，マイテンプレートに CommonMP 要素モデル開発のためのテンプレートが表示されます（図 9.2）。ここでは［CommonMP_ モデルプロジェクト］のテンプレートを選択します。プロジェクトの名前は，既存のプロジェクトのディレクトリ名と重複しないようにします。通常は，プロジェクト名はモデル名や DLL 名と同じにするので，ここでは，McMyLinearReservoirModel とします。「場所」は，デフォルトのままでかまいません。入力が完了したら，［OK］ボタンをクリックします。

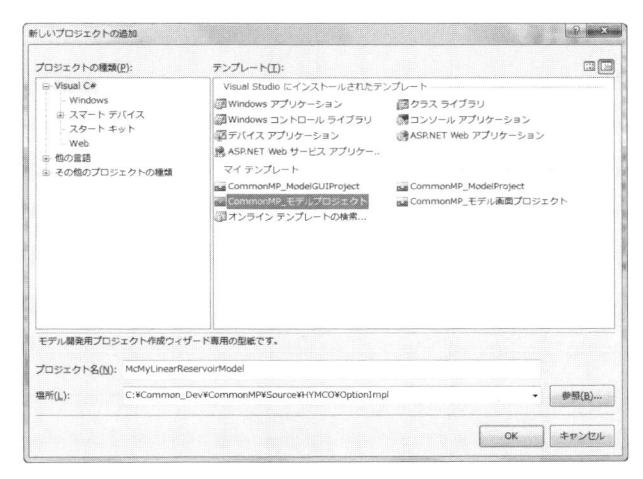

図 9.2　新しいプロジェクトの追加

DLL 名称の入力ウィンドウが表示されます。DLL 名称は，CommonMP の Execute¥bin ディレクトリでユニークにする必要があります。特に変更する必要がなければ，デフォルトのままプロジェクト名と同一の名称にして，［次へ］ボタンをクリックします。

次にネームスペース名称（名前空間）を入力します。ネームスペース名称はどのような名称でも構いませんが，定義するクラス名が CommonMP 内でユニークとなるように，たとえばモデル開発者が所属する組織名を付けるとよいでしょう。ここでは，プロジェクト名や DLL 名と同じ McMyLinearReservoirModel とします（図 9.3）。

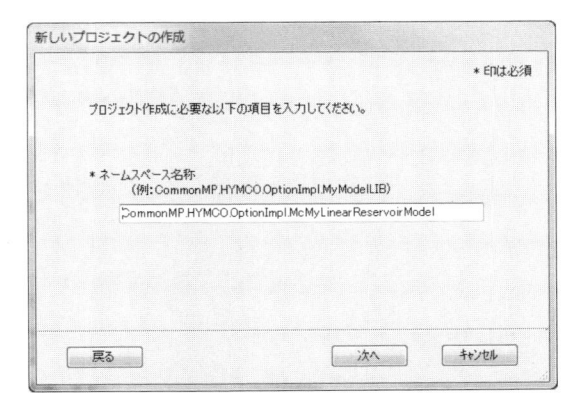

図 9.3　ネームスペースの入力

9.2.2 演算モデル定義クラスと演算モデルファクトリクラスのひな形の追加

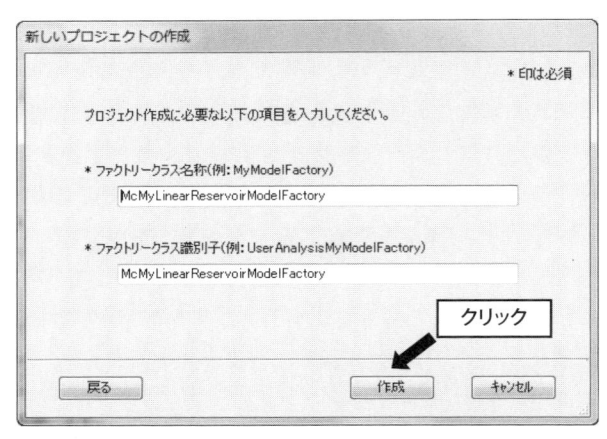

ファクトリークラス名称とファクトリークラス識別子を入力します。ファクトリークラスの名称は同一 DLL 内のクラス名の中でユニークとなるように設定します。ここでは，プロジェクト名＋Factory にします。ファクトリークラス識別子は，Execute¥bin の中に配置されているDLLの中のファクトリークラス識別子の中でユニークである必要がありますが，すでにプロジェクト名や DLL 名が要素モデルプロジェクトの中でユニークなものとして設定してあるので，そのまま識別子に使えます。ここでは，ファクトリーに関連することを示すため，ファクトリークラス識別子をプロジェクト名＋Factory として，［作成］ボタンをクリックします（図 9.4）。

図 9.4　ファクトリークラス名及びファクトリークラス識別子の入力

図 9.5 のようなメッセージが現れ［OK］ボタンをクリックすると，図 9.6 の「ファイル変更の検出」というアラートボックスが表示されます。［再読み込み］ボタンをクリックします。

Visual Studio のソリューションエクスプローラに McMyLinearReservoirModel プロジェクトが作成されます。プロジェクトに，演算モデル定義クラスのソースコード McMyLinearReservoirModelDefine.cs と演算モデルファクトリクラスのソースコード

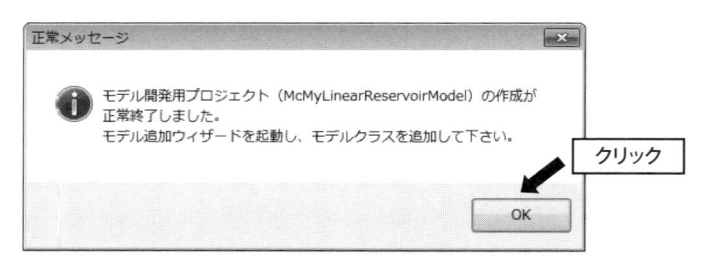

図 9.5　正常終了のメッセージ

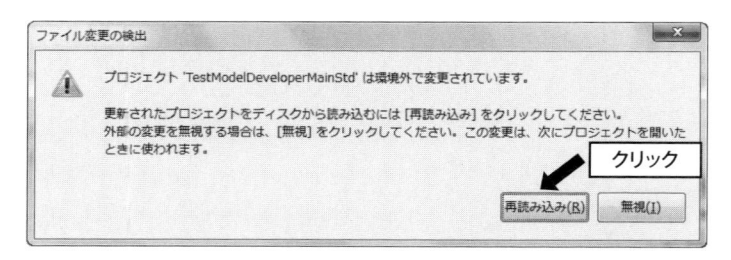

図 9.6　アラートボックス

McMyLinearReservoirModelFactory.cs が追加されていることを確認します（図 9.7）。

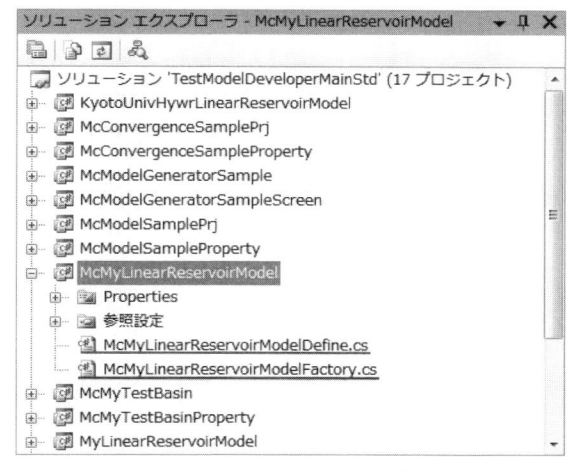

図 9.7　McMyLinearReservoirModelプロジェクトの作成

9.2.3　演算モデルクラスと演算データクラスのひな形の追加

次に演算モデルクラスと演算データクラスを追加します。まずこのプロジェクトをいったんビルドしてください。このとき，ビルドエラーとなってもかまいません。次にソリューションエクスプローラで McMyLinearReservoirModel プロジェクトを右クリックし，［追加］-［新しい項目］を選択し，「新しい項目の追加」ウィンドウを表示します。マイテンプレートの［CommonMP_ モデルクラス］を選択し，ファイル名を入力します。ここでは McMyLinearReservoirModel とし，［追加］ボタンをクリックします（図 9.8）。

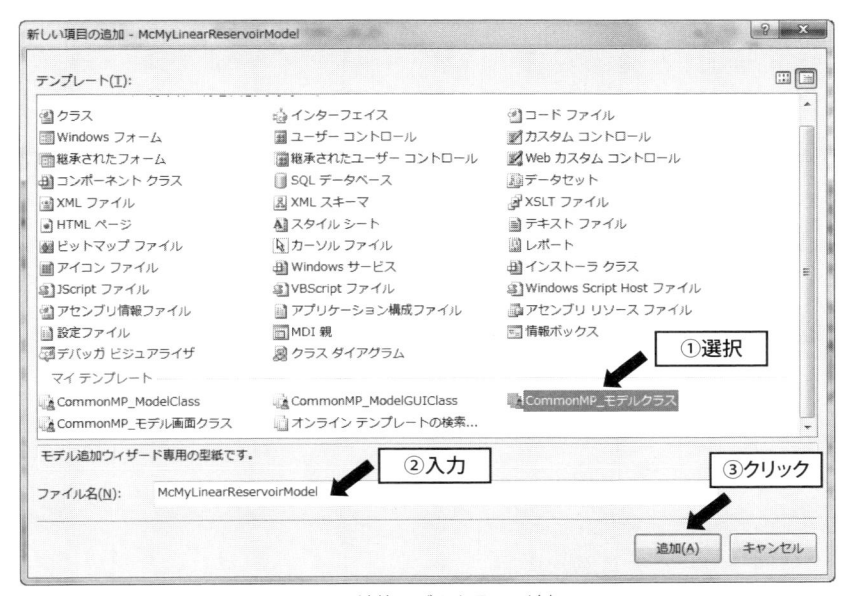

図 9.8　演算モデルクラスの追加

演算モデルのクラス名称を入力します。ここで開発する要素モデルは未来予測型のモデルであるので、「McForcastModelBase」を選択します。クラス名称も特に変更する必要がなければ、そのまま［次へ］ボタンをクリックします（図9.9）。

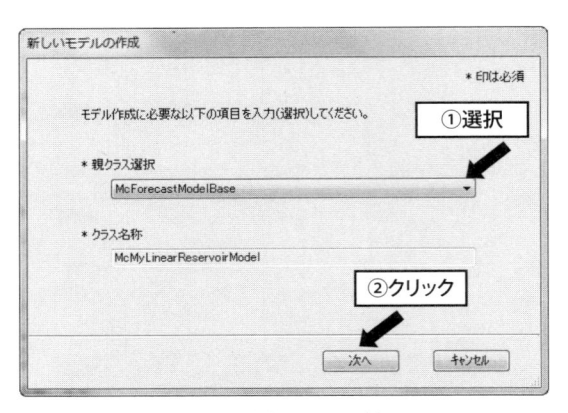

図9.9　演算クラスの追加

　モデルの名称およびモデル識別子を入力します。「モデルの名称」はCommonMPのライブラリ管理画面に現れる名称で、日本語でもかまいません。「モデル識別子」は、同一DLL内で複数のモデルを構築するときに演算モデル同士を区別するために使います。ここでは、単一の要素モデルを作成し、モデル識別子で区別する必要はないので、プロジェクト名と同じ McMyLinearReservoirModel とします。将来的にこのプロジェクトに別の要素モデルを追加するときは、このモデル識別子と別の名称の識別子を設定します。入力が完了したら、［次へ］ボタンをクリックします（図9.10）。

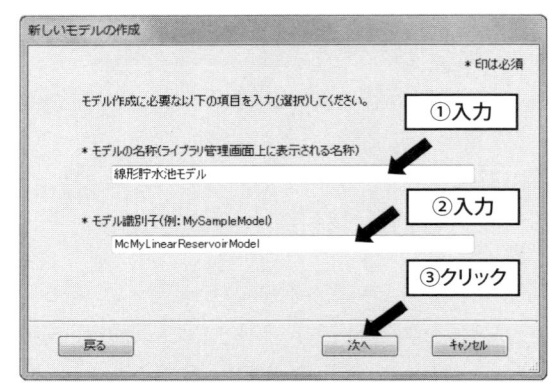

図9.10　モデルの名称およびモデル識別子の設定

　モデルで専用のプロパティ設定情報クラスおよび初期化設定情報格納クラスを作成する必要があるかどうかをチェックします。プロパティ設定情報や初期化設定情報が複雑でなければ、それぞれに対して専用のクラスを設ける必要はありません。ここでは両方作成しないことにします（図9.11）。

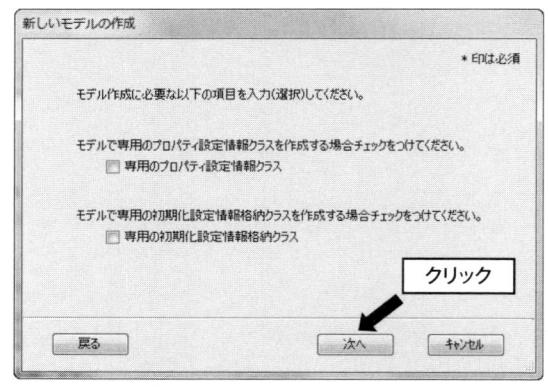

図9.11　プロパティ設定情報クラスおよび初期化設定情報格納クラスの追加

デフォルトタイムステップ（秒）を入力します。ここでは，オリジナルの線形貯水池モデルと同じ「60」を入力します（図9.12）。

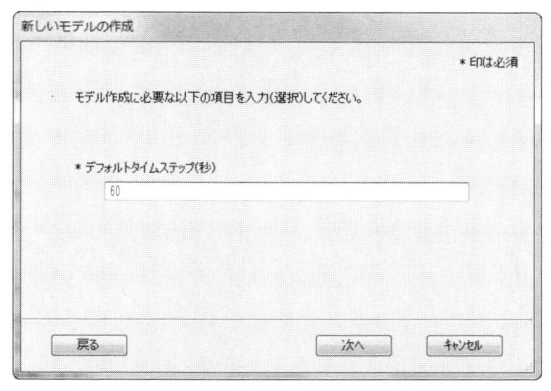

図9.12　デフォルトタイムステップの設定

受信パターンを設定します。伝送情報受信パターンの［追加］ボタンをクリックします（図9.13）。

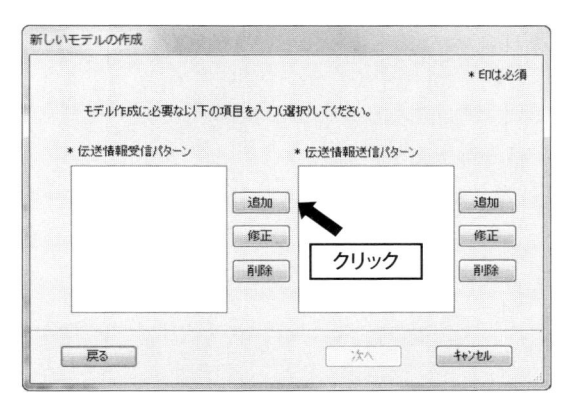

図9.13　伝送情報受信パターンおよび伝送情報送信パターンの設定

線形貯水池モデルの仕様に従い，下記のように受信パターンを入力します。パターン識別子は同一DLL内のパターン識別子の中でユニークとなる必要があるので，ここでは，パターン名称の「上流端入力」に合わせて，「UpperIn」とします。伝送情報種別は線形貯水池モデルに合わせて，「ポイント時系列情報」とします。内挿方法はデフォルトのとおり「線形補間」にします。入力が完了したら，「セル変数設定」の［追加］ボタンをクリックします（図9.14）。

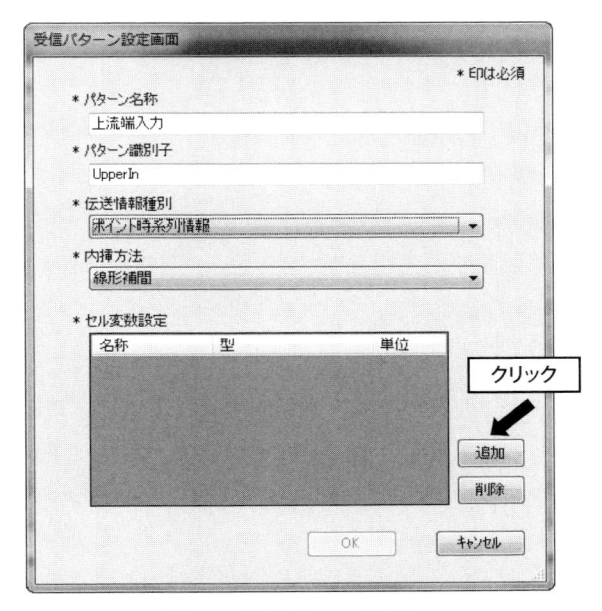

図9.14　受信パターンの設定

線形貯水池モデルでは，セル変数には流量が入るので，図9.15のように設定します．入力が完了したら，[OK]ボタンをクリックします．

図9.15 セル変数設定

受信パターンの設定が完了すると，図9.16のように表示されます．[OK]ボタンをクリックして，伝送情報受信パターンおよび伝送情報送信パターンの設定画面に戻り，伝送情報送信パターンの設定を行います．

図9.16 受信パターンの設定（完了）

受信パターンと同様に，送信パターンの設定を行います．送信パターンは，流量と貯留量（m^3）を伝送情報として持ちます．伝送情報送信パターンの設定が完了すると，図9.17のように表示されます．入力が完了したら，[OK]ボタンをクリックし，図9.13の伝送情報受信パターンおよび伝送情報送信パターンの設定画面に戻り，[次へ]ボタンをクリックします．

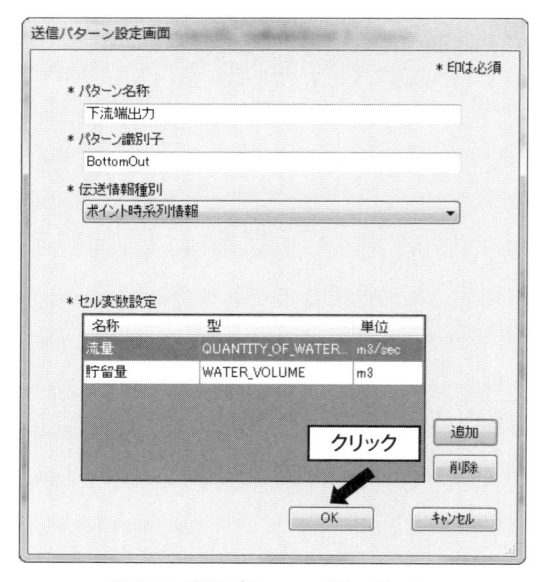

図9.17 送信パターンの設定（完了）

「ライブラリ管理」画面のモデル詳細に表示される演算モデルの情報を入力します。「モデルのバージョン」は，現在のところ，ピリオドやスペースの入力に対応していないので，必要がある場合は，ソースプログラムの修正で対応します（図9.18）。

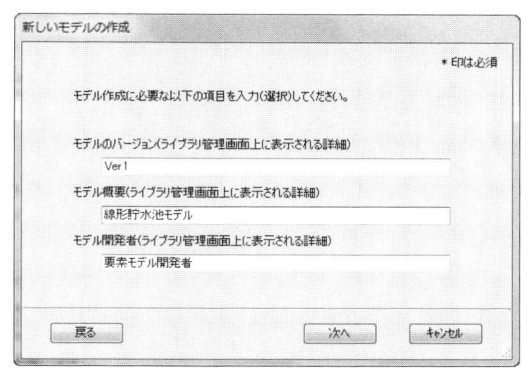

図9.18　モデル詳細情報の入力

アイコンとモデル解説書ファイルの指定をします。アイコンやモデル解説書ファイルは用意していないので，ここでは空欄のまま［作成］ボタンをクリックします（図9.19）。

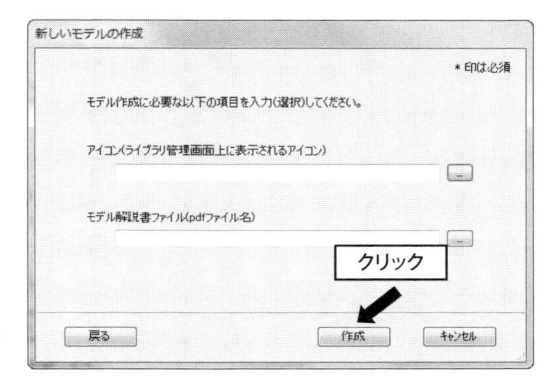

図9.19　アイコンおよびモデル解説書の設定

図9.20のようなメッセージが現れ，［OK］ボタンを押すと図9.21の「ファイル変更の検出」というアラートボックスが表示されます。［再読み込み］ボタンをクリックします。図9.22のアラートウィンドウが表示されるので，［はい］または［すべてに適用］ボタンをクリックします。

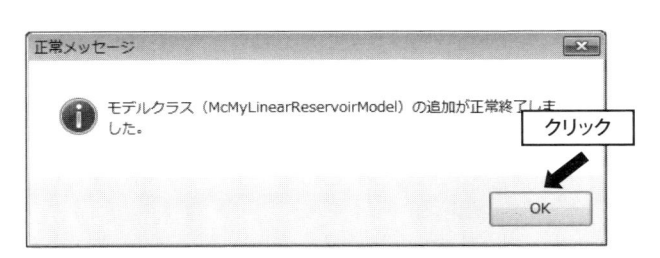

図9.20　アイコンおよびモデル解説書の設定

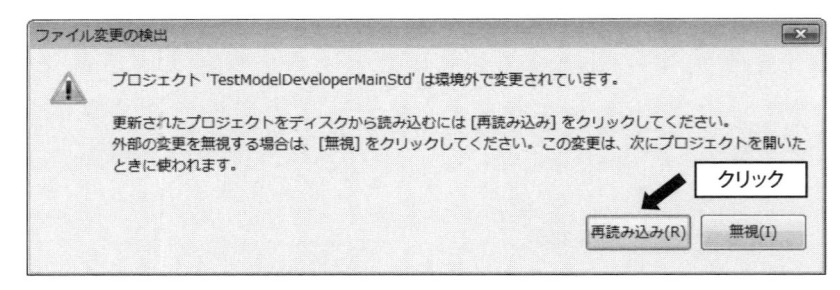

図 9.21　プロジェクト作成時のアラートウィンドウ 1

図 9.22　プロジェクト作成時のアラートウィンドウ 2

　これで，必要な送受信端子を備えた要素モデルのひな形が完成しました。ソリューションエクスプローラで演算モデルクラスのソースコード McMyLinearReservoirModel.cs と演算データクラスのソースコード McMyLinearReservoirModelCalInfo.cs が追加されていることを確認してください（図 9.23）。

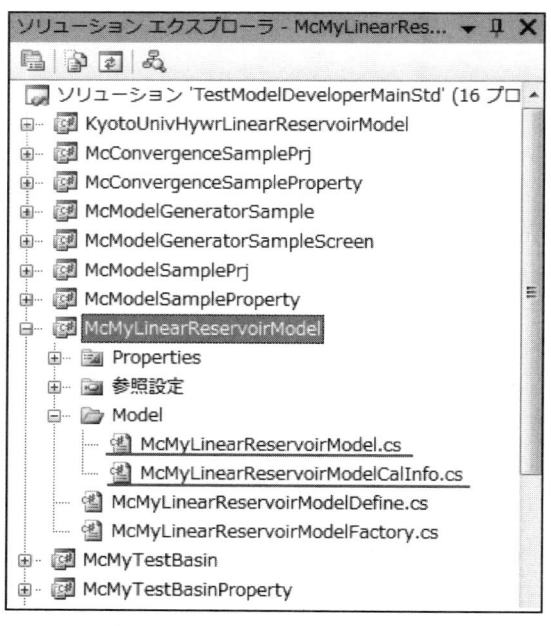

図 9.23　プログラミング環境により作成されたソースコード

ビルドを実行した後でデバッグを行うと，Visual Studio から CommonMP が起動します。CommonMP 上で，「ライブラリ管理」画面の演算要素の「その他」カテゴリーに線形貯水池モデルが入っていることが確認できます。送受信端子を備えているので，プロジェクトを作成してモデルを接続することも可能となっています（図9.24）。ただし，演算に必要なメソッドはまだ実装されていないので，シミュレーションを実施しても値は算出されません。これから，演算に必要なメソッドを具体的に設定していきます。

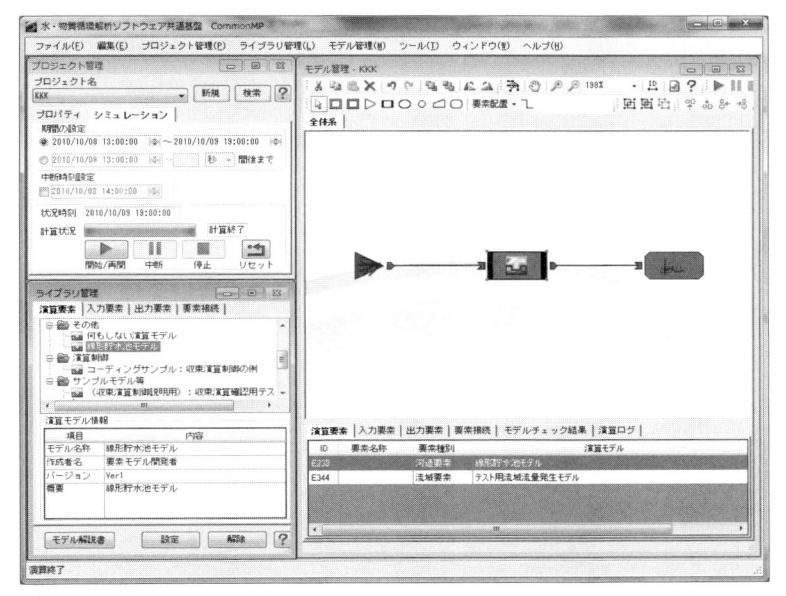

図 9.24　要素モデルのひな形の実行

9.3 演算データクラスの実装

計算に用いるデータを格納するメンバー変数を宣言します。第7章で説明した線形貯水池モデル CommonMPIntroductionLinearReservoirModel において，演算で用いる4つのメンバー変数，パラメータ k（m_k），計算時間間隔 Dt（m_dt），貯留量 S（m_storage），流出量 Q（m_outflow）が宣言されています。メンバー変数は，通常クラスの冒頭で宣言されます。図7.3 に示した演算データクラスのソースコード LinearReservoirModelInfo.cs では，10〜13行目で宣言されています。これを McMyLinearReservoirModelCalInfo.cs の対応する部分（ここでは，37〜47行目）にコピーします。これにより，演算中に使用される4つのメンバー変数であるパラメータ k（m_k），計算時間間隔 Dt（m_dt），貯留量 S（m_storage），流出量 Q（m_outflow）が使えるようになります（図9.25）。

```
30:  public class McMyLinearReservoirModelCalInfo : McCalInfo
31:  {
32:     ///// <summary> コーディングイメージです </summary>
33:     //public double m_dData=-99.9;
34:
35:     // To Do
36:     //    必要な情報を追加します。
37:     /// <summary> S = kQ の k </summary>
38:     public double m_k;
39:
40:     /// <summary> 計算時間間隔 </summary>
41:     public double m_dt;
42:
43:     /// <summary> 貯留量 </summary>
44:     public double m_storage;
45:
46:     /// <summary> 流出量 </summary>
47:     public double m_outflow;
```

図 9.25　演算情報クラスのメンバー変数の宣言

9.4 演算モデルファクトリクラスの実装

9.4.1　プロパティ情報の設定

　プロパティ情報を設定，表示できるようにするために，演算モデルファクトリクラスで定義されている CreateModelProperty メソッドを修正します。9.2 のウィザードにより送受信パターンの設定は完了しているので，ここではパラメータ k の設定をプロパティ設定画面に表示できるようにします。

　第 7 章で説明した演算モデルファクトリクラスのソースコード LinearReservoirModelFactory.cs のうち，図 7.16 に示した CreateModelProperty メソッドの中でパラメータ k を設定している 12，13 行目をソースコード McMyLinearReservoirModelFactory.cs の 183，184 行目のコメント行に上書きします（図 9.26）。ビルド，デバッグを行うと，CommonMP が起動し，開発中の線形貯水池モデルを動作させることができます。プロパティ設定画面を開いて，パラメータ k が表示されることを確認します（図 9.27）。

```
170:  public override McCellModelPropertyIF CreateModelProperty(HySID csLibraryID, HySObjectKind csModelKind)
171:  {
172:     if (this.EqualFactory(csLibraryID) == false)
173:     {
174:        return null;
```

```
175:     }
176:
177:     McCellModelPropertyInfo csRtnCellPrptyDt = null;
178:
179:     if (csModelKind.Equals(McMyLinearReservoirModelDefine.McMyLinearReservoirModel_MODEL_KIND) == true)
180:     {
181:         csRtnCellPrptyDt = new McCellModelPropertyInfo(csLibraryID, csModelKind);
182:         csRtnCellPrptyDt.SetStepTime(60);  //δT設定
183:         csRtnCellPrptyDt.AddInfoType("m_k", "S = kQ の係数　k [sec], ", McDefine.ValKind.DOUBLE);//←追加
184:         csRtnCellPrptyDt.SetInfo("m_k", 3600.0);      //←追加
185:         //ToDo 引数で与えられたモデル識別子に従ってプロパティ情報データを生成し、モデル固有設定値を 設定して下さい。
186:         // 受信可能なパターン
187:         //ToDo　提供するモデルが受信可能なパターンを設定して下さい。
```

図 9.26　パラメータの設定

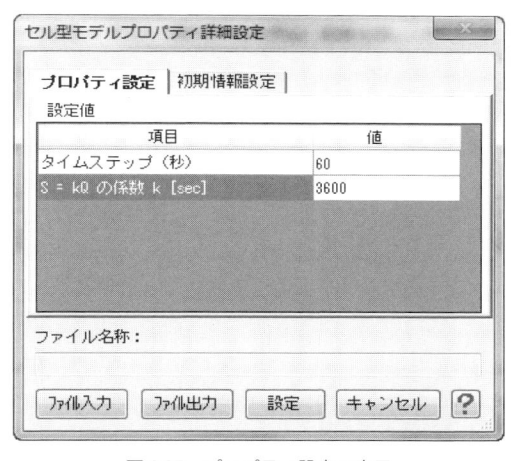

図 9.27　プロパティ設定の表示

9.4.2　初期情報の設定

　初期情報を設定・表示できるようにするために，ファクトリークラスで定義されている Create ModelInitialInfo メソッドを修正します。第 7 章で説明した LinearReservoirModelFactory.cs のうち，図 7.18 に示した CreateModelInitialInfo メソッドの中で初期貯留量を設定している 11，12 行目を，開発中の要素モデルのソースコード McMyLinearReservoirModelFactory.cs の 258，259 行目のコメント行に上書きします（図 9.28）。これにより初期情報設定画面に初期貯留量が表示されるようになります。

```
247: public override McPropertyInfoRoot CreateModelInitialInfo(HySID csLibraryID, HySObjectKind csModelKind)
248: {
249:   if (this.EqualFactory(csLibraryID) == false)
250:   {
251:     return null;
252:   }
253:   McInitialInfo csRtnDt = null;
254:
255:   if (csModelKind.Equals(McMyLinearReservoirModelDefine.McMyLinearReservoirModel_MODEL_KIND) == true)
256:   {
257:     csRtnDt = new McInitialInfo(csLibraryID, csModelKind);
258:     csRtnDt.AddInfoType("m_storage", "初期貯留量(m3)", McDefine.ValKind.DOUBLE);   //←追加
259:     csRtnDt.SetInfo("m_storage", 10.0);   //←追加
260:   }
261:   //<@Add_CreateModelInitialInfo/> ウィザードによる追加の目印を削除しないで下さい。
      // 削除した場合には、モデルの追加は、手動で行う必要があります。
262:   else
263:   {
264:     // Do Nothing
265:   }
266:   return csRtnDt;
267: }
```

図 9.28 初期情報の設定・表示

　入力が完了したら，ビルド，デバッグをして，初期情報が表示されているかを確認します（図 9.29）。

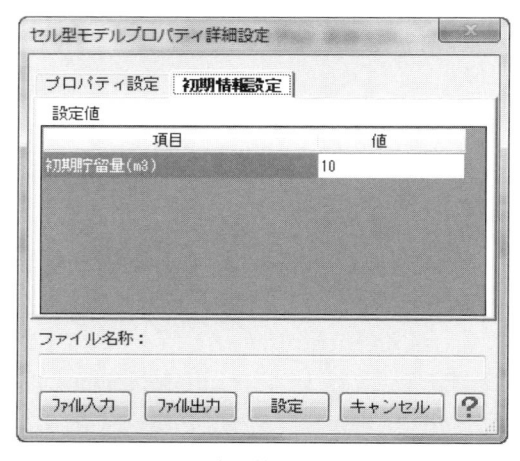

図 9.29 初期情報設定の表示

9.5 演算モデルクラスの実装

演算部分を実装します。演算部分は，①プロパティ情報の設定，②演算クラスの初期化，③要素モデルの演算，④計算結果の公開に分かれて，それぞれ演算モデルクラス中のSetProperty メソッド, Initialize メソッド, Calculate メソッド, DataFusion メソッドが対応します。

9.5.1 SetProperty メソッドの実装

画面上でセットしたプロパティ値をモデルに反映させるため SetProperty メソッドを実装します。第 7 章で説明した LinearReservoirModel.cs のうち，図 7.5 に示した SetProperty メソッドの 9, 10 行目が，演算時間間隔とパラメータ k の値をモデルにセットする部分となっているので，開発中の要素モデルのソースコード McMyLinearReservoirModel.cs の 229, 230 行目に上書きします（図 9.31）。

ここまでの実装にエラーの有無を確認するため，ビルドを実行します。mInf が定義されていないという意味のエラーメッセージが出るので，ソースコード LinearReservoirModel.cs でエラーの原因となった mInf という文字列を検索してみると，図 7.5 の 4 行目に定義されていることが確認できます。開発中の要素モデルのソースコード McMyLinearReservoirModel.cs には，28 行目に同様の記述がありますが，オブジェクト名が m_csMyInf となっていて，異なっています（図 9.30）。定義と合わせるために，開発中のソースコードの 229 行目および 230 行目に現れる「mInf」を「m_csMyInf」に置換します（図 9.31）。

```
McMyLinearReservoirModelCalInfo m_csMyInf = null;
```

図 9.30　mInf の定義

```
217:    public override bool SetProperty(McCellModelPropertyIF csCellMdlPropertyInfo)
218:    {
219:        bool bRtn = false;
220:        // 使用しやすいようにキャストしておく
221:        m_csMyInf = (McMyLinearReservoirModelCalInfo)m_csCalInfo;
222:
223:        // プロパティ設定
224:        McCellModelPropertyInfo csPrptyInfo = csCellMdlPropertyInfo as McCellModelPropertyInfo;
225:        if (csPrptyInfo != null)
226:        {
227:            // 演算ステップ時刻設定
228:            this.m_csDltTime = new HySTime(csPrptyInfo.GetStepTime());
229:            m_csMyInf.m_dt = csPrptyInfo.GetStepTime();    //←追加
230:            csPrptyInfo.GetInfo("m_k", ref m_csMyInf.m_k); //←追加
231:            bRtn = true;
```

```
232:        // To Do
233:        // モデルの係数等，必要な情報に対して，引数で与えられたプロパティ情報の内容を読み取って設定します。
234:    }
235:    return bRtn;
236: }
```

図 9.31　SetPropertyメソッドの実装

9.5.2　Initialize メソッドの実装

第7章で示したソースコード LinearReservoirModel.cs のうち，図7.6の8, 9行目をコピーして，開発中のモデルのソースコード McMyLinearReservoirModel.cs の Initilize メソッドの116, 117行目に上書きします。この部分では，初期貯留量を与えています。そして，「mInf」を「m_csMyInf」に置換します（図9.32, 図9.33）。ビルドを行い，エラーの有無を確認します。

```
csInDt.GetInfo "m_storage", ref mInf.m_storage ;
mInf.m_outflow = mInf.m_storage / mInf.m_k ;
```

図 9.32　初期貯留量の設定

```
csInDt.GetInfo（"m_storage", ref m_csMyInf.m_storage）;
m_csMyInf.m_outflow = m_csMyInf.m_storage / m_csMyInf.m_k ;
```

図 9.33　初期貯留量の設定（修正後）

9.5.3　Caiculate メソッドの実装

演算を実行する Calculate メソッドを実装します。第7章で示したソースコード LinearReservoirModel.cs のうち，図7.7に示した Calculate メソッドの4～20行目をコピーして，開発中のモデルのソースコード McMyLinearReservoirModel.cs の Calculate メソッドの144～165行目に上書きし（図9.34），「mInf」を「m_csMyInf」に置換します。ビルドを実行して，エラーがないことを確認します。

```
140: protected override long Calculate(long lInputDataNum,
         ref McReceiveCellDataIF[] csInputCellData)
141: {
142:     McLog.DebugOut(m_csSimTime, GetID(), GetType().ToString(), "Calculate", "<<Start>>");
143:
144:     double inflow1 = 0.0;
145:     double inflow2 = 0.0;
146:     HySCellData csCell = null;
```

```
148:    for (long lnum = 0; lnum < lInputDataNum; lnum++)
149:    {
150:        // 接続ごとに時刻 t の流入量inflow1を取得
151:        csInputCellData[lnum].SetCurrentTime(m_csSimTime);
152:        csCell = csInputCellData[lnum].GetInterpolatedCell(0);
153:        inflow1 += csInputCellData[lnum].Data(csCell, 0);
154:
155:        // 接続ごとに時刻 t + dt の流入量inflow2を取得
156:        csInputCellData[lnum].SetCurrentTime(m_csSimTime + m_csDltTime);
157:        csCell = csInputCellData[lnum].GetInterpolatedCell(0);
158:        inflow2 += csInputCellData[lnum].Data(csCell, 0);
159:    }
160:
161:    // 状態量を更新
162:    m_csMyInf.m_storage = (inflow1 + inflow2) / 2.0 + m_csMyInf.m_storage
            * (1.0 / m_csMyInf.m_dt - 1.0 / (2.0 * m_csMyInf.m_k));
163:    m_csMyInf.m_storage = m_csMyInf.m_storage
            / (1.0 / m_csMyInf.m_dt + 1.0 / (2.0 * m_csMyInf.m_k));
164:    m_csMyInf.m_outflow = m_csMyInf.m_storage / m_csMyInf.m_k;
165:    //McLog.DebugOut(this.m_csSimTime, GetID(),
            "CommonMPIntroductionLinearReservoirModel",
166:    return 0;
167: }
```

図 9.34　Calculate メソッドの実装

　図 9.34 の 140 行目の Calculate メソッドの第 1 引数の lInputDataNum は入力端子の数で，第 2 引数の csInputCellData は受信データとなっています。151 ～ 153 行目で変数 inflow1 に現時点の時刻の入力値の合計を代入しています。151 行目では，現在時刻のセルのデータを取り出します。152 行目では，セルインデックス 0 番のデータを取り出して，セル型データに代入しています。この要素モデルの場合は，ポイント型時系列情報しか扱わないので，0番となります。153 行目では，そのセルインデックス 0 番の属性値（この場合は流量）を倍精度の値として取り出して，変数 inflow1 に加算しています。

9.5.4　DataFusion メソッドの実装

　データを公開する DataFusion メソッドを実装します。DataFusion メソッドは，送信ポートに接続された要素モデルに対してデータを公開するためのメソッドです。第 7 章で示したソースコード LinearReservoirModel.cs のうち，図 7.9 に示した DataFusion メソッド 4 ～ 10 行目をコピーして，開発中のモデルのソースコード McMyLinearReservoirModel.cs の DataFusion メソッドの 186 ～ 192 行目に上書きし，「mInf」を「m_csMyInf」に置換します（図 9.35）。

```
183:    protected override long DataFusion(long lOutputDataNum, ref McSendCellDataIF[] csOutputCellData)
184:    {
185:        McLog.DebugOut(m_csSimTime, GetID(), GetType().ToString(), "DataFusion", "<<Start>>");
186:        HySCellData[] csSndCellData = null;
187:        for (long lnum = 0; lnum < lOutputDataNum; lnum++)
188:        {
189:            csSndCellData = csOutputCellData[lnum].PrepareSendCellD1();
190:            csSndCellData[0].m_dData[0] = m_csMyInf.m_outflow;
191:            csSndCellData[0].m_dData[1] = m_csMyInf.m_storage;
192:        }
193:
194:        return 0;
195:    }
```

図 9.35　DataFusionメソッドの実装

　189 行目で 1 次元のセルデータを用意し、190 行目で 0 番目のインデックスに流量を、191 行目で 1 番目のインデックスに貯留量を代入しています。

　ビルドしてエラーがなければ，これで要素モデルとして稼働する状態となっているので，デバッグを行い，CommonMP を起動して動作確認をします。シミュレーションプロジェクトを作成して，要素モデルが稼働することを確認してください。

9.6　まとめ

　本章では CommonMP が用意するプログラミング開発環境ツールを用いて要素モデルのソースコードを作成する手順を説明しました。完全に自動でソースコードを生成できるわけではありませんが，ソースプログラムのかなりの部分を生成することができます。第 7 章のソースプログラムを理解したうえで用いるならば，有効な開発ツールとなります。プログラミング開発環境ツールには，以下のドキュメントが pdf ファイルで付属しています。これらも参照してください。

(1) CommonMP プログラミング利用環境インストール手順書 .doc：CommonMP プログラミング開発環境に付属しています。開発環境ツールのインストールとアンインストールの説明があります。
(2) モデル開発チュートリアル .pdf：プログラミング環境機能を用いたプログラムの作成方法の解説があります。

CommonMPをもっと知ろう

　CommonMPにはさらに高度な機能を持っています。第10章では，コマンドラインでCommonMPのプログラムを実行する方法を説明します。この機能を用いるとシミュレーションモデルをバッチ処理で実行するなど，多数のシミュレーションをGUI環境を用いずに実行することができます。

　第11章では，開発した要素モデルを公開し，ほかの利用者が容易にそれを自身のシステムに組み込むためのライブラリ入出力機能について説明します。

　第12章では，CommonMPの多言語化について解説します。CommonMPは日本語だけでなく多言語に対応することができます。要素モデルも多言語対応のものを作成することができます。

　最後に13章では，CommonMPのさらに進んだ機能として独自のプロパティ画面の作成機能とGIS機能について簡単に説明します。

　これらの機能を利用することによってCommonMPはさらに高度なモデリングシステムに発展していきます。どのように発展するかは利用者次第です。

第10章　CUI環境でのシミュレーションの実行

　CommonMPにはWindowsのコマンドプロンプトからシミュレーションモデルを実行する機能があります。この機能を用いるとシミュレーションモデルをバッチ処理で実行するなど，多数のシミュレーションをGUI環境を用いずに実行することができます。このCUI（Character-based User Interfase）環境でのCommonMPの利用法を説明します。

10.1　CUI環境で用いる構造定義ファイル

　CUI環境ではWindowsのコマンドプロンプトでCommonMPのプロジェクトを指定して，CommonMPを実行するプログラムをコマンドラインで実行します。プロジェクトを指定するために，3.3.7で説明した構造定義ファイルを用います。

　GUI環境のCommonMPを立ち上げてプロジェクトを呼び出し，その構造定義ファイルを出力すると2つのXML形式のファイルが生成されます。たとえば3.3.7の例では

- ■ LinearReservoirModelProjectFile.xml　（プロジェクトを表現するXMLファイル）
- ■ LinearReservoirModel.xml　（要素モデルの接続関係やパラメータ値，モデルの初期状態を記述したXMLファイル）

の2つができることを説明しました。この中でプロジェクト全体を表現するXMLファイルLinearReservoirModelProjectFile.xmlの中身は以下のようになっています。

```
001:   <?xml version="1.0" encoding="UTF-8"?>
002:   <HymcoProject>
003:     <SCFile FileName="LinearReservoirModel.xml" />
004:     <Simulation>
005:       <Time start="1970/01/01 00:00:00" goal="1970/01/05 10:00:00" delta="300" Unit="sec" />
006:     </Simulation>
007:   </HymcoProject>
```

図10.1　プロジェクトを表現する構造定義ファイル

　3行目で要素モデルの接続関係や初期状態，パラメータを記述した構造定義ファイルLinearReservoirModel.xmlを読み込んでいます。5行目ではシミュレーション期間を指定しています。このXMLファイルをCUI版のCommonMPで用います。

10.2　CUI 環境でのシミュレーションの実行

［スタート］-［プログラム］-［アクセサリ］を開いて，コマンドプロンプトを起動します（図 10.2）。

図 10.2　コマンドプロンプト画面

次に，CommonMP の実行プログラムが格納されているフォルダに移動します。デフォルトでは C:¥Program Files¥CommonMP¥Execute¥bin に移動します（図 10.3）。
　　　Ex）cd C:¥Program Files¥CommonMP¥Execute¥bin

図 10.3　ディレクトリの移動

シミュレーションの実行はこのコマンドプロンプト画面で，

　　　　　Hymco.exe - c LinearReservoirModelProjectFile.xml

と入力します（図 10.4）。ここで LinearReservoirModelProjectFile.xml は，CommonMP の GUI で作成したプロジェクトを構造定義ファイルとして出力したファイルです。この構造定義ファイルは CUI 環境の設定設定ファイル CommonMP¥Execute¥conf¥HymcoCUI.cfg の中で CUI_WORK_DIRECTORY で指定したフォルダに置きます。シミュレーション期間の設定時間およびタイムステップはこの XML ファイルに設定した内容で計算が実行されます。計算時のデバッグログを出力する場合は，CUI 環境の設定設定ファイル HymcoCUI.cfg の LOG_LEVEL を DEBUG とします。

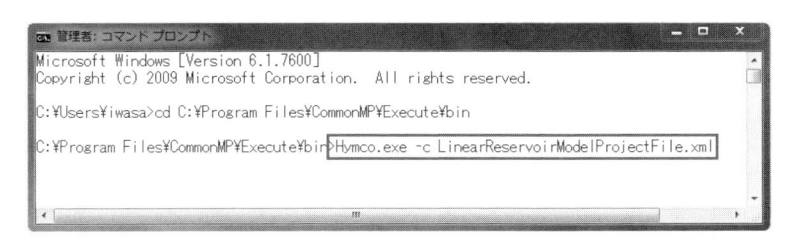

図 10.4　計算実行の操作画面

環境設定ファイルの詳細はCommonMPに付属する環境設定ファイル仕様書を参照してください。

計算が終了すると，デバッグログ出力指定がない場合は，図10.5のような計算ログメッセージが表示されます。デバッグログ出力指定がある場合は，図10.6のような計算ログメッセージが表示されます。

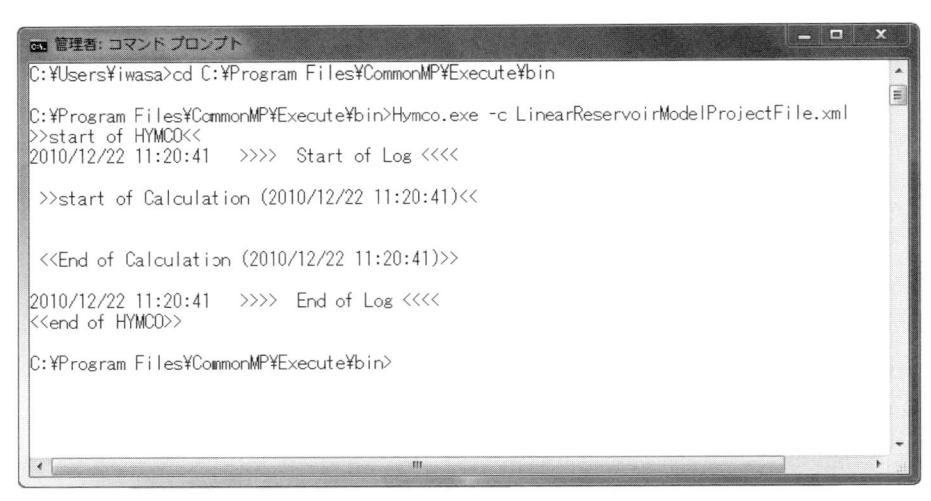

図10.5　デバッグログ出力なしの場合の計算終了画面

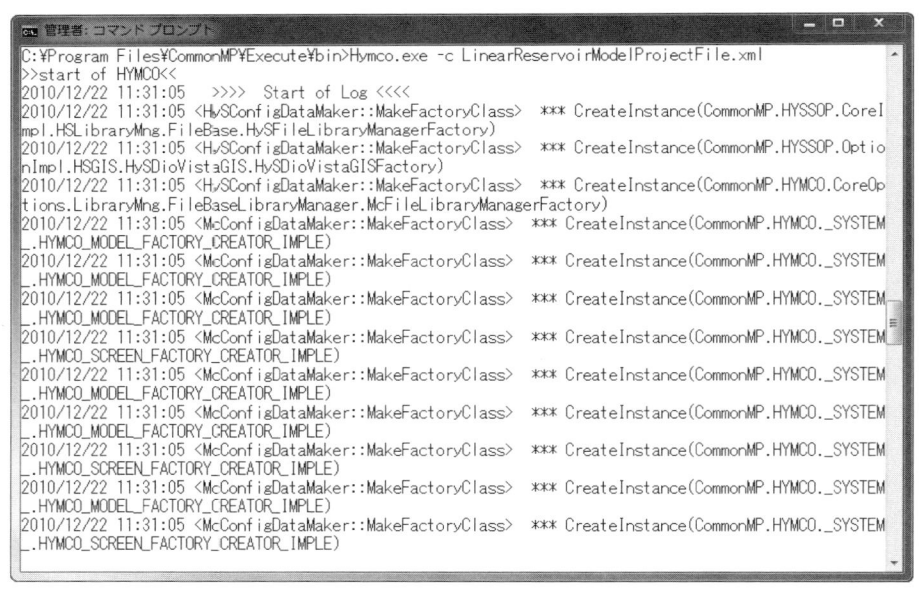

図10.6　デバッグログ出力ありの場合の計算終了画面

10.3 CUI 環境での CommonMP の展開

　CUI 環境では GUI 環境を立ち上げることなく，シミュレーションを実行することができます。そのため，パラメータ値や初期状態の異なる多数の計算を実行したい場合は，そのシミュレーションに合わせた構造定義ファイルをテキストエディタなどで作成することにより，多数のコマンドプロンプトを開いて同時に実行することができます。また，バッチファイルに作業手順を記述しておいて，自動的に多数のシミュレーションを実行することが可能となります。

　大規模なシミュレーションモデルを構築する場合，GUI 環境でモデル構造を定義するのではなく，CommonMP 以外のソフトウェアを用いて地形情報から自動的に構造定義ファイルを生成することが考えられます。この場合，CUI 環境さえあればシミュレーションが可能となります。XML ファイルはテキストファイルですので，テキストエディタを用いて加工することができます。また XML ファイルを読み込んだり，生成したりする計算機ライブラリが多数公開され容易に利用できるようなっています。この構造定義ファイルを媒介として，CommonMP をサポートする周辺のソフトウェアが開発されることが期待されます。

第11章　ライブラリ入出力機能

　CommonMPの要素モデルは，演算実行を担当するDLL，アイコンファイル，操作マニュアルのPDFファイルなどの複数のファイルから構成されています。CommonMPに組み込む場合は，これらのファイルをそれぞれ所定のディレクトリにコピーする必要があり，煩雑な作業となってきます。これを解消するために，CommonMPには，開発した要素モデルのファイル群をパッケージ化する［ライブラリ出力］という機能と，パッケージ化された要素モデルのファイル群を所定のディレクトリにインストールする［ライブラリ入力］という機能が用意されています。

11.1 ライブラリ出力

　線形貯水池モデルCommonMPIntroductionLinearReservoirModelを用いてライブラリ出力の手順について説明します。ライブラリ出力機能を用いるためには，開発した要素モデルをリリースモードでビルドしておく必要があります。CommonMPを起動し，ヘルプメニューから［ライブラリ管理］－［ライブラリ出力］を選択します（図11.1）。

図11.1　ライブラリ入力メニュー

　「ライブラリ出力」ウィンドウの［フォルダ参照］のボタンをクリックします（図11.2）。

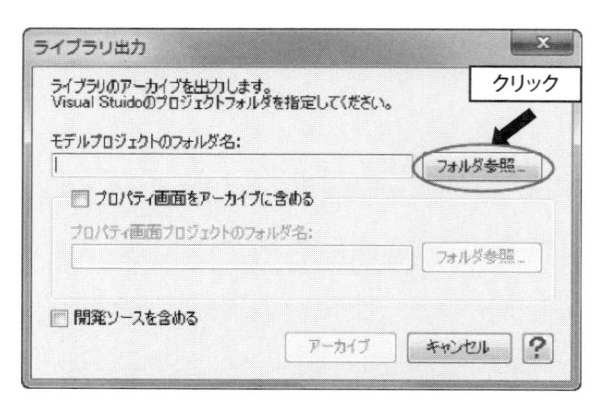

図11.2　ライブラリ出力

「フォルダーの参照」ウィンドウにおいて Source¥HYMCO¥OptionImpl ディレクトリの CommonMPIntroductionLinearReservoirModel ディレクトリを選択して，[OK] ボタンをクリックします（図 11.3）。

図 11.2 の「ライブラリ出力」ウィンドウに戻るので，そのまま［アーカイブ］ボタンをクリックします。線形貯水池モデルは専用プロパティ画面のプロジェクトをもっていないので，「プロパティ画面をアーカイブに含める」はチェックしないでおきます。また，ソースコードを一緒にパッケージ化する場合は，「開発ソースを含める」をチェックします。

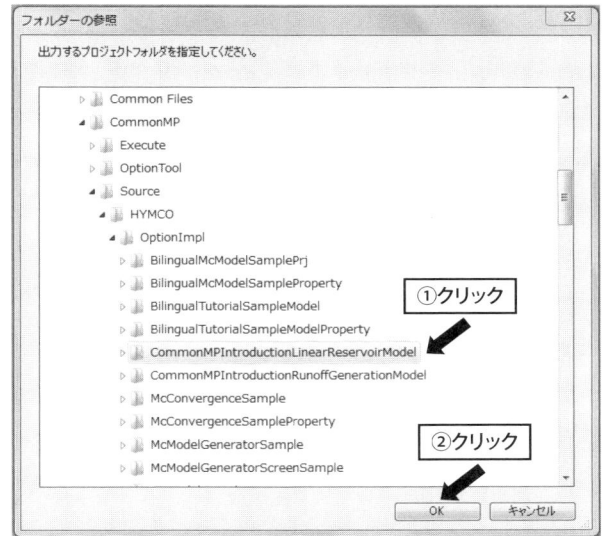

図 11.3　フォルダーの参照

「アーカイブを保存」ウィンドウが現れるので，保存場所を選んで保存すると，「ライブラリーのアーカイブが完了しました。」と表示され，作業は完了します。指定した場所に zip 形式でアーカイブされた要素モデルのパッケージが確認できます（図 11.4）。パッケージ化された要素モデルは，容易に配布することができるようになります。

図 11.4　アーカイブされた要素モデルのパッケージ

Windows 7 64 ビット版を使用している場合は，デフォルトの状態ではライブラリ入出力機能が動作しません。動作させるためには，Microsoft Visual J# 2.0 SE（x64）日本語 Language Pack および Microsoft Visual J# 2.0 再頒布可能パッケージ SE（x64）をインストールする必要がありますので，注意してください。

11.2 ライブラリ入力

11.1 で作成した要素モデルのパッケージを CommonMP に組み込みます。組み込む前に，導入が成功したかどうかを確認するために，線形貯水池モデルを CommonMP から削除しましょう。Execute¥bin にある CommonMPIntroductionLinearReservoirModel.dll を削除します（図 11.5）。CommonMP を起動して，「ライブラリ管理」画面の「河川」のカテゴリーに線形貯水池モデルがないことを確認します（図 11.6）。

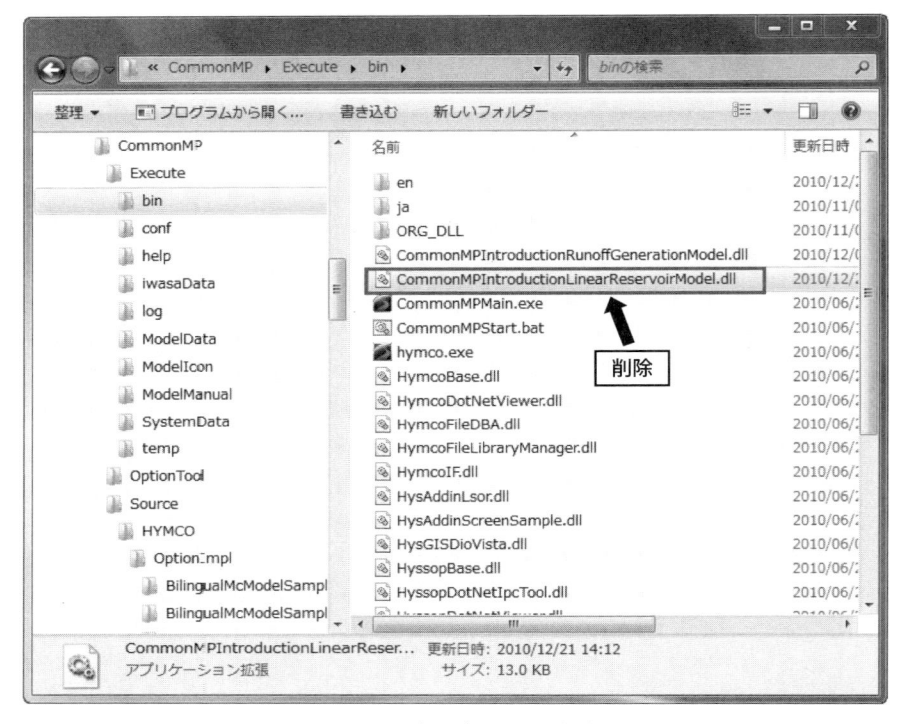

図 11.5　要素モデルのDLLの削除

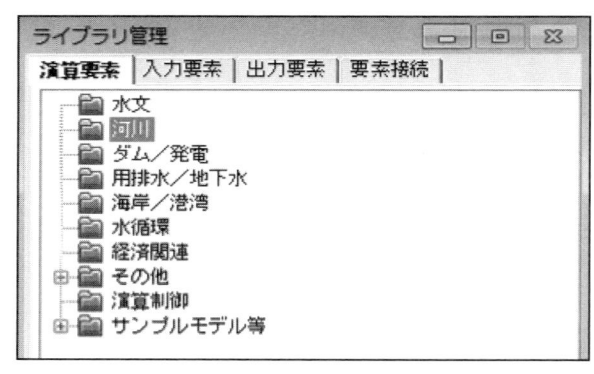

図 11.6　ライブラリ管理画面

ヘルプメニューの［ライブラリ管理］-［ライブラリ入力］を選択します（図11.7）。

図11.7 ライブラリ入力メニュー

「ライブラリ入力」ウィンドウにおいて，［ファイル選択］ボタンをクリックして，11.1で作成した要素モデルのパッケージのzipファイルを選択しインストールします（図11.8）。

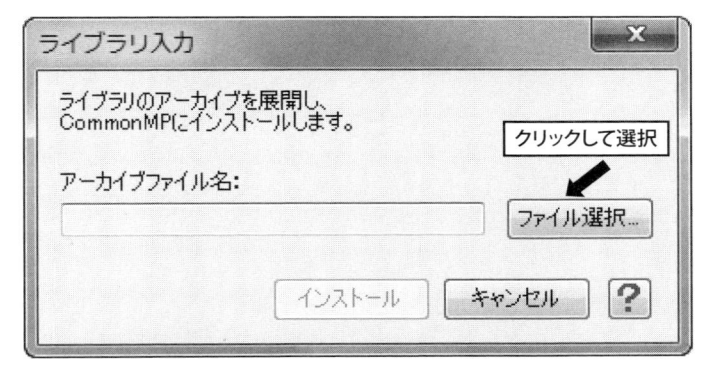

図11.8 ライブラリ入力

「インストールを有効にする場合は，CommonMPを再起動させる」と書かれたメッセージボックスが現れるので，［OK］ボタンをクリックし，CommonMPを終了して，再起動します。「ライブラリ管理」画面に線形貯水池モデルが現れ，利用可能になったことが確認できます。
　ライブラリ出力のときに，「開発ソースを含める」のチェックボックスをチェックした場合は，zipファイルの中のVsModelProjectというディレクトリの中にソースコードが保存され，解凍すると利用可能な状態となります。
　ライブラリ入力機能を用いて要素モデルをCommonMPに導入するためには，CommonMPのライブラリ出力機能を用いて作成された圧縮ファイルを指定する必要があります。公開された要素モデルがライブラリ入力機能に対応していない場合は，自身で所定のフォルダに必要とされるファイルをコピーする必要があることに注意しましょう。

第12章　多言語化への対応

　CommonMP は，多言語対応を前提として設計されているので，CommonMP 画面のメニューなどを日本語以外の言語に切り換えることができます。また，多言語化に対応した要素モデルを作成することができます。

12.1　CommonMP のメニューの英語表示

　CommonMP の言語の切換えは，コンピュータのロケール（地域と言語環境）設定により行います。現在のところ，CommonMP 本体は英語に対応していますので，英語への切換えを行う例を示します（インストーラやヘルプ画面で未対応な部分があります）。

　まず，スタートメニューから［コントロールパネル］－「地域と言語」を開きます（図12.1）。ここで「形式」のタグを選択し，［英語（米国）］を選択します。

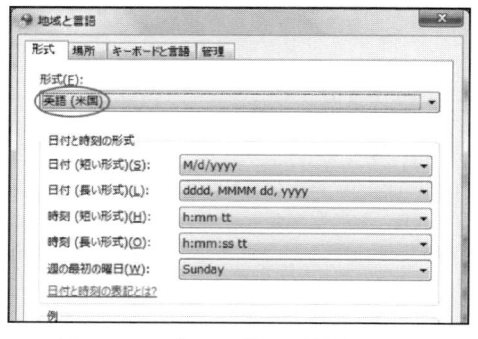

図 12.1　コントロールパネル（地域と言語）

　CommonMP を起動すると，メニューなどが英語表示になっていることが確認できます。日本語表示に戻すには，［コントロールパネル］－「地域と言語」のダイアログの「形式」から［日本語（日本）］を選択して，CommonMP を起動します。

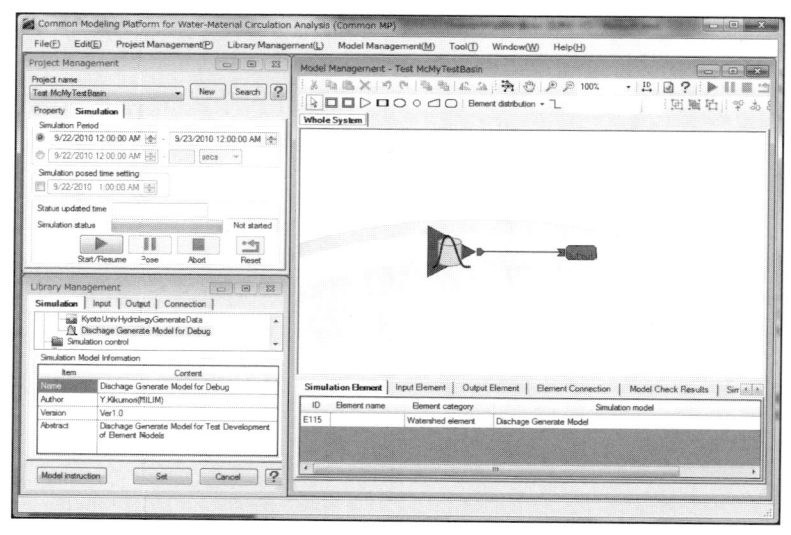

図 12.2　CommonMPのメニューなどの英語表示

12.2 要素モデルの多言語対応

ソースコードが提供されている要素モデルは，多言語対応に拡張することができます。要素モデル画面上に現れている文字列は，通常プログラムコードの中に直接書き込まれているので，文字列をロケールに連動させて入れ換えることはできません。.NET Framework 上での多言語対応では，言語依存する部分にキーを設定し，リソースファイルにキーから参照される値（文字列）を格納することで対応するようにしています。リソースファイルは言語の種類に応じて作成する必要があります。日本語と英語に対応する場合は，日本語と英語のリソースファイルの作成が必要になります。ここでは，線形貯水池モデルを日本語と英語に対応するように拡張します。

12.2.1 文字列を英語あるいは日本語に書き換える文字列の特定

線形貯水池モデルは，日本語のみに対応するように開発されているので，日本語の文字列を英語にすることを考えます。どこを英語にすべきかを特定するために，ロケールを英語に切り替えて，日本語表記が残っている文字列を探します。まず，12.1 の方法で，ロケールを英語に切り換えて，線形貯水池モデルの画面を調べてみます。

ロケールを英語に切り換えて，線形貯水池モデルのプロパティ設定画面などを表示したものの一部を図 12.3 に示します。実線で囲まれた部分に日本語が残っています。これらを網羅的に調べて日本語が残っている部分をリストアップします。

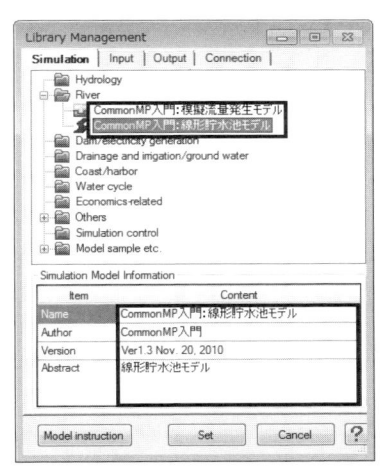

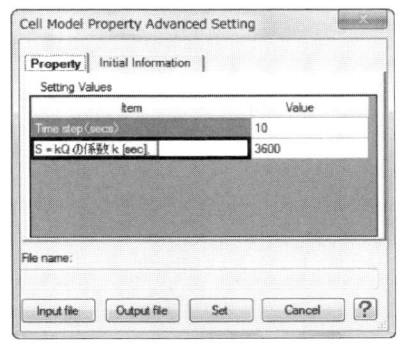

図 12.3 線形貯水池モデルに現れるロケールに合わせて切り換える文字列

12.2.2 キーと値（文字列）の対応表の作成

修正すべき箇所が特定できたら，対応表を作成します。対応表は言語の種類に応じて作成する必要があるので，日本語と英語の 2 種類作成します。Visual Studio を立ち上げて，ソリューションエクスプローラから CommonMPIntroductionLinearReservoirModel プロジェ

クトのResources.resxをダブルクリックして，リソース・ファイル・エディタを開きます（図12.4）。これが日本語の対応表となります。

CommonMPにおいては，既定の言語は日本語となっているので，デフォルトのリソースファイルを日本語の対応表として設定します。しかし，英語対応の要素モデルでも，ロケールを英語以外（たとえば，ベトナム語やインドネシア語など）に設定すると既定の言語である日本語の表示が現れることになってしまいます。英語圏以外の国では，日本語が表示される設定となっているので，国際化対応上は英語を既定の言語とするほうが望ましいでしょう。

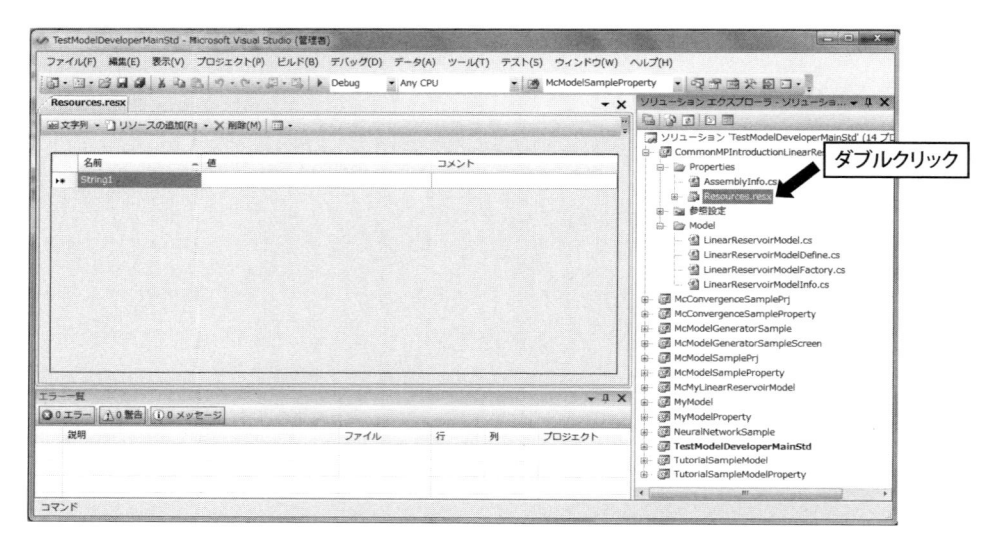

図12.4　リソース・ファイル・エディタ

名前（キー）はわかりやすいアルファベットの表記として，それに対応する日本語の文字列をリソースファイルに記入します（図12.5）。

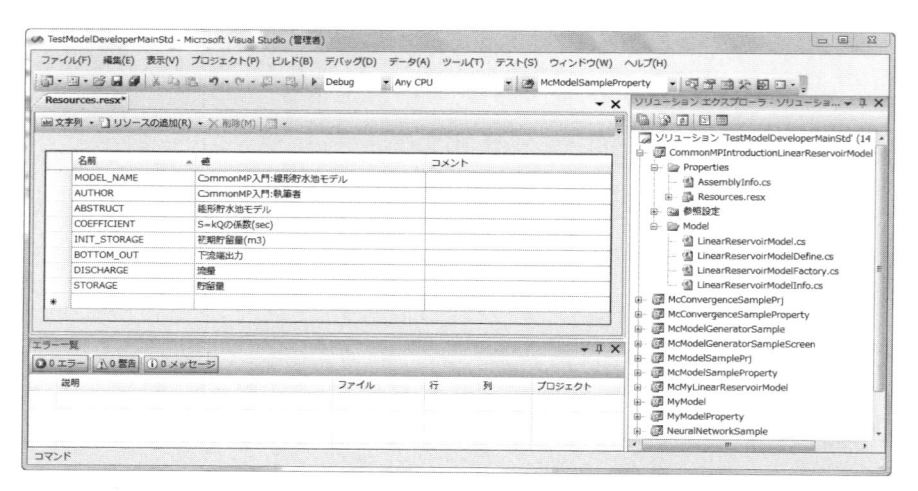

図12.5　日本語（既定）のリソースファイルの編集

第12章 多言語化への対応

　英語のリソースファイルは新規に作成する必要があります。ソリューションエクスプローラで CommonMPIntroductionLinearReservoirModel プロジェクトを右クリックして，［追加］－［新しい項目］を選択します。テンプレートから［アッセンブリ リソース ファイル］を選択し，ファイル名を「Resource.en.resx」として［追加］ボタンをクリックします（図12.6）。ファイル名の「en」は英語用のリソースファイルであることを示すものです。これ以外の値を使ってはいけません。

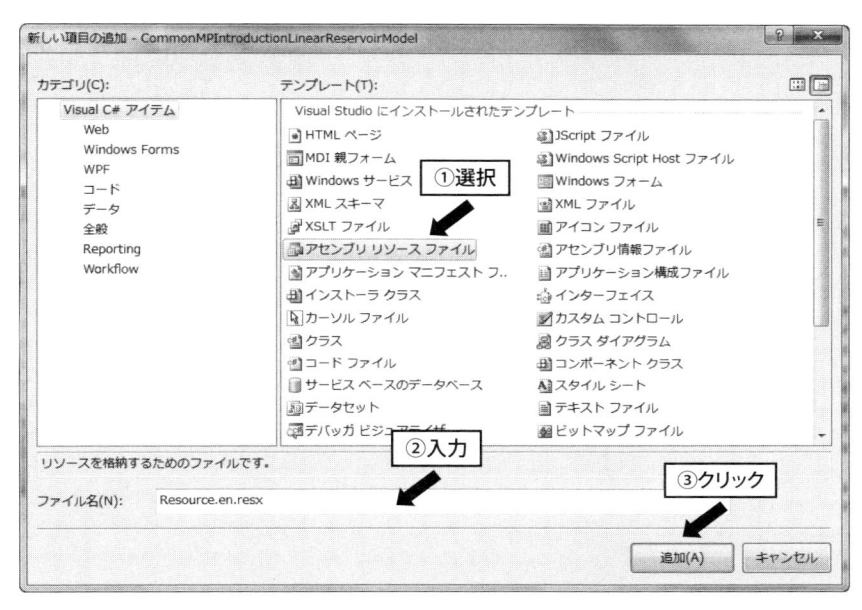

図12.6　リソースファイルの追加

　リソースファイルは，プロジェクトの直下に作成されます。ソリューションエクスプローラ上で Properties ディレクトリに移動します（図12.7）。

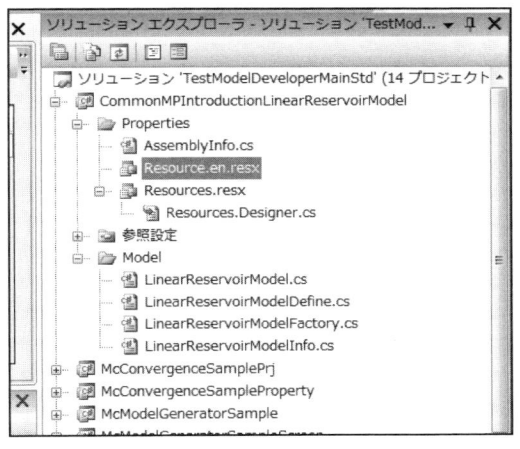

図12.7　リソースファイル（英語）の配置

英語のリソースファイルを作成したら，日本語のリソースファイルと同様に名前（キー）と値（文字列）を入力します（図 12.8）。値は名前によって参照されるので，名前は日本語および英語のリソースファイルで同一のものを用いることにします。また，同一ファイル内においては重複しないように設定します。

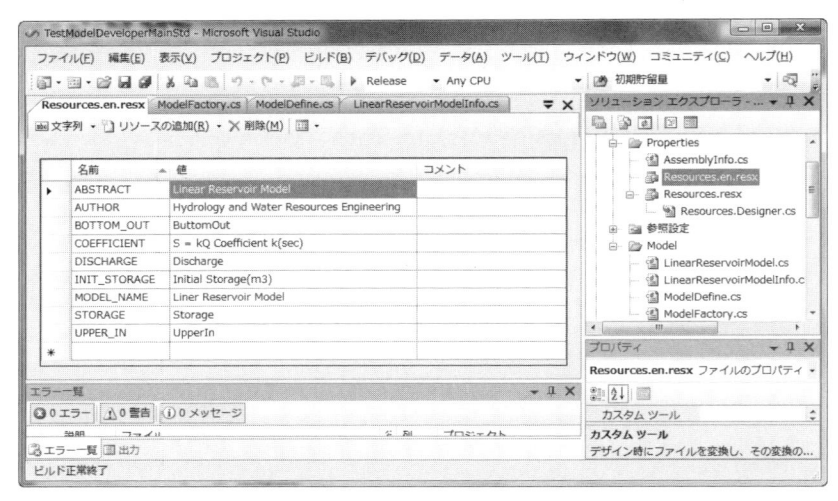

図 12.8　英語のリソースファイルの編集

12.2.3　キー値のソースコードへの埋め込み

　名前と値の対応表が完成したら，名前を線形貯水池モデルで用いるソースコードの文字列と入れ換えます。対象となるソースコードは，ここでは，ModelFactory.cs および ModelDefine.cs です。ソースコードの中のダブルクォーテーション（"）で囲まれた文字列を探して，対応するキーに置き換えます。たとえば，ソースコード ModelFactory.cs の 230 と 231 行目は，修正前は以下のコードになっていますが，

```
csModelInfo.SetSummaryInf ("線形貯水池モデル")；
csModelInfo.SetCreatorInf ("CommonMP 入門")；
```

次のコードに修正します。

```
csModelInfo.SetSummaryInf (CommonMPIntroduction.LinearReservoirModel.Properties.
    Resources.ABSTRACT)； // この行は 1 行に続けて記述します
csModelInfo.SetCreatorInf (CommonMPIntroduction.LinearReservoirModel.Properties.
    Resources.AUTHOR)； // この行は 1 行に続けて記述します
```

リソースファイルを作成しておくと，Visual Studio のインテリセンス（入力支援機能）が働いて入力作業が省力化されるとともにタイプミスも防げるので，ソースコードの修正よりも先に，リソースファイルを完成させておきます。入力が完了したら，ビルドの実行を行い，実行形式ファイルを作成します。

12.2.4　CommonMP への導入

多言語対応した場合，通常の演算処理の実行を担当する DLL ファイルのほかに，リソース情報を保持する DLL ファイルが作成されます。今回は，既定の言語（日本語）のほかに英語に対応させたので，英語リソースの情報を保持する DLL ファイルが作成されます。既定のリソースファイルは通常作られません。英語リソースの DLL は，Debug¥en または Release¥en ディレクトリの下に作成された CommonMPIntroduction.LinearReservoirModel.resources.dll です。これを CommonMP¥Execute¥bin¥en ディレクトリにコピーします。このほかに，通常の要素モデルと同じように，演算処理を担当する DLL を CommonMP¥Execute¥bin にコピーする必要があります。

要素モデルが複雑化して，多言語対応や専用プロパティ画面，独自アイコンに対応するようになると関連するアセンブリ・ファイルの数が増えて，要素モデルのインストールが煩雑な作業となります。第 11 章で説明したライブラリ出力機能は，これらの関連したファイルをパッケージ化してインストール作業を省力化する機能です。活用するとよいでしょう。

12.2.5　動作確認

12.1 で示した方法でロケールを英語に切り換え，CommonMP を起動すると，線形貯水池モデルの中に現れる文字列も英語になっていることが確認できます（図 12.9）。

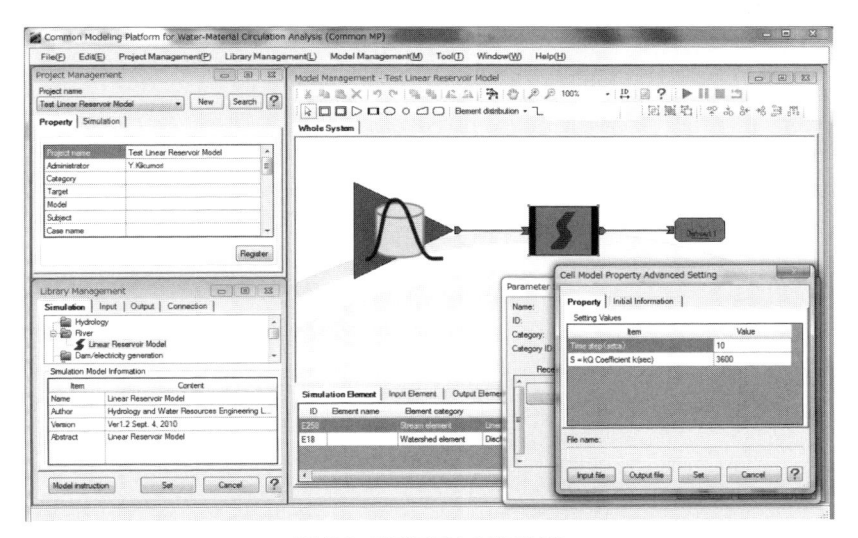

図 12.9　要素モデルの英語対応

第13章 CommonMPのさらに進んだ機能

最後に CommonMP のさらに進んだ機能として，独自のプロパティ画面作成機能と GIS 機能について簡単に紹介します。

13.1 モデル固有のプロパティ画面の作成機能

これまでに利用してきた線形貯水池モデルは，CommonMP に備わった標準のプロパティ画面を用いて作成しました。それが図 13.1 の左のプロパティ画面です。CommonMP にはさらに図 13.1 の右のような要素モデル独自のデザインを持つプロパティ画面を作成することが可能です。

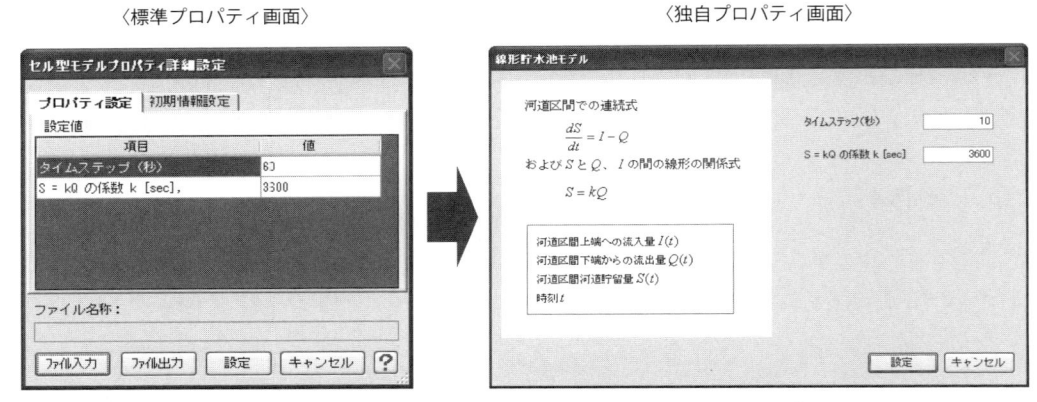

図 13.1 固有プロパティ画面の作成例。左が標準プロパティ画面。右が独自プロパティ画面

独自のプロパティ画面を作成する場合は，CommonMP¥Source¥HYMCO¥OptionImpl フォルダ中にある独自プロパティ画面のテンプレート MyModelProperty をコピーし，それをひな形として独自プロパティ画面用の新しいプロジェクトを作成します。最終的に独自プロパティ画面用の DLL を作成し，CommonMP の実行フォルダに置けば，標準のプロパティ画面に代わって，独自のプロパティ画面を利用することができるようになります。詳しい解説がモデル開発チュートリアルにありますので，ぜひ挑戦してみてください。

13.2　CommonMP の GIS 機能

CommonMP には GIS 機能を有した版（CommonMP Ver. 1.0.2 ＋ GIS エンジン）があります。こちらも無償でダウンロードして利用することができます。ダウンロードの方法は第 2 章で示したとおりです。現時点で利用できる GIS 機能は以下のようです。

- ■ 地図の 3 次元表示：全国の地図を表示して，地図の拡大・縮小，回転などの操作を行うことができます。また目線角度の変更により，地図を 3 次元的に表示することができます。
- ■ 地図上での検索や計測：住所や緯度経度を指定して，地図上の位置を検索することができます。また地図上で指定した線やエリアの距離や面積を計測することができます。

今後，要素モデルと連動して，モデル構築に必要となる地形情報の加工やパラメータ決定，またシミュレーション結果の効果的な表示手段として利用が進んでいくでしょう。

GIS 機能は CommonMP 起動後，ツールメニューから［GIS 表示］-［地図表示］を選択します。

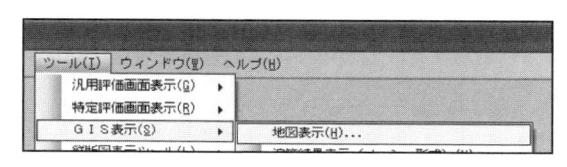

図 13.2　GIS エンジンの起動

「データフォルダ設定」画面が表示されますので，CommonMP のホームページからダウンロードした GIS データを展開したフォルダを選択し，［OK］ボタンを押してください（図 13.3）。

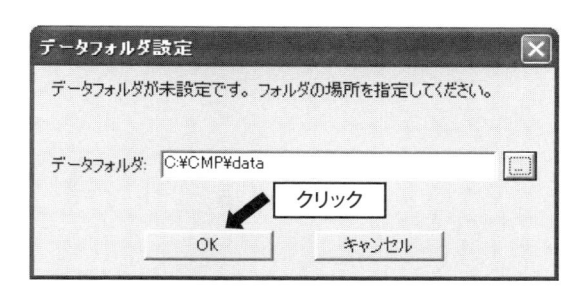

図 13.3　データフォルダの設定

GIS 機能を起動する場合，利用するパーソナルコンピュータの MAC アドレスの登録や，ライセンスファイルの登録が必要となります。ライセンスファイルは，所定の手続きをして CommonMP Ver 1.0.2 ＋ GIS エンジンをダウンロードするとメールで送付されます。ライセンス登録画面が現れますので，配布されたライセンスファイルを指定してください。「ライセンス登録」画面で，ライセンスファイルの参照先が指定されていることを確認し，［登録］ボタンをクリックしてください。これでライセンスファイルの登録完了です（図 13.4）。

図 13.4　ライセンスファイルの参照先確認

GIS 機能についてはCommonMP＋GISに付属する「GISデータ編集_操作マニュアル」に詳しい解説がありますので参照してください。

● 編者・執筆者一覧（執筆順。所属は執筆時）

椎葉　充晴　（京都大学大学院工学研究科 教授）編集
立川　康人　（京都大学大学院工学研究科 准教授）編集，1, 6, 7章および例題プログラム担当
荒木　千博　（（株）建設技術研究所 東京本社水システム部 副参事）2, 3, 4, 5, 10, 13章担当
菊森　佳幹　（国土交通省国土技術政策総合研究所 河川研究部主任研究官）8, 9, 11, 12章担当
岩佐　真弓　（京都大学大学院工学研究科 事務補佐員）編集補助

定価はカバーに表示してあります。

CommonMP 入門
水・物質循環シミュレーションシステムの共通プラットフォーム

2011年5月20日　1版1刷　発行　　　　　ISBN 978-4-7655-1778-2 C3051

監　修	CommonMPプロジェクト推進委員会
編　者	椎　葉　充　晴
	立　川　康　人
発行者	長　　滋　彦
発行所	技報堂出版株式会社

日本書籍出版協会会員
自然科学書協会会員
工学書協会会員
土木・建築書協会会員

〒101-0051　東京都千代田区神田神保町1-2-5
電　話　営業　（03）（5217）0885
　　　　編集　（03）（5217）0881
　　　　FAX　（03）（5217）0886
振替口座　00140-4-10

Printed in Japan　　　　　　　　　　http://gihodobooks.jp/

©Michiharu Shiiba, Yasuto Tachikawa, 2011
カバーデザイン 濱田晃一　　本文デザイン ミルキー　　印刷・製本 昭和情報プロセス

落丁・乱丁はお取り替えいたします。
本書の無断複写は、著作権法上での例外を除き、禁じられています。

◆小社刊行図書のご案内◆

定価につきましては小社ホームページ（http://gihodobooks.jp/）をご確認ください。

貯水池土砂管理ハンドブック
―流域対策・流砂技術・下流河川環境―

Gregory L. Morris・Jiahua Fan 著
B5・756 頁

【内容紹介】貯水池機能を永続させるための排砂バイパスやフラッシングなどの堆砂管理手法について，実践的な観点から幅広く述べた。また，貯水池を次世代の有効な資源として引き継ぐための「持続的貯水池土砂管理」論を，詳細な事例研究とともに展開した。本書は，ダムの堆砂問題の解決に向けて，初めて包括的にまとめられたハンドブックである。

沖積河川 ―構造と動態―

山本晃一 著／（財）河川環境管理財団 企画
A5・600 頁

【内容紹介】本書は沖積層を流れる河川の構造特性とその動態について説明したものである。第㈵部で説明に必要となる移動床の水理について記したうえで，第㈼部で中規模河川スケール，第㈽部で大規模河川スケールの構造を規定する要因と発達プロセスを説明し，第㈿部では事例をあげ，その理論の適応性を検証した。河川計画・設計の基礎理論の底本となる書籍。

流域圏から見た明日
―持続性に向けた流域圏の挑戦―

辻本哲郎 編
A5・334 頁

【内容紹介】人間活動の拠点である都市の再生において，持続性をはかりながらのそれは，流域圏をどうするのかの議論なしには達成できない。流域圏が潜在的に持つ水循環・物質循環システムの健全さを維持することが，持続性につながる。本書は，流域圏をベースに，国土管理を考えるときの背景，市民と都市や農業・農村政策等の流域圏での人間活動における社会的取り組み，持続性に向けた流域圏の評価について，河川行政，河川工学をはじめとした総勢 10 名の執筆者とともに，今後の流域圏管理の在り方について考える。

国土交通省
河川砂防技術基準同解説　計画編

国土交通省河川局 監修
日本河川協会 編
A5・600頁

【内容紹介】「河川砂防技術基準」は，河川，砂防，地すべり，急傾斜地，雪崩および海岸に関する調査，計画，設計および維持管理を実施するために必要な技術的事項について定めたもので，調査編，計画編，設計編からなる。計画編（基本計画，施設配置等計画）について解説した本書は，河川技術者の教科書および実務書として活用されている。

水理学の基礎（第2版）

吉岡幸男 著
B5・140 頁

【内容紹介】数多くのイラスト，図版などを用いて解説するとともに，要点を色版で明示（二色刷り）した，定評ある初学者向きテキストの第2版。今回の改訂では，1999年版の『水理公式集』に則って加筆・訂正を行うとともに，全面的に見直しを行っている。SI単位表記。

技報堂出版　TEL 営業 03(5217)0885 編集 03(5217)0881
　　　　　　FAX 03(5217)0886